Caderno de Estudo

Geografia

Ensino Médio

João Carlos Moreira

Bacharel em Geografia pela Universidade de São Paulo
Mestre em Geografia Humana pela Universidade de São Paulo
Professor de Geografia da rede pública e privada de ensino por quinze anos
Advogado (OAB/SP)

Eustáquio de Sene

Bacharel e licenciado em Geografia pela Universidade de São Paulo
Doutor em Geografia Humana pela Universidade de São Paulo
Professor de Geografia da rede pública e privada de Ensino Médio por quinze anos
Professor de Metodologia do Ensino da Geografia na Faculdade de Educação da Universidade de São Paulo

editora scipione

Diretoria editorial e de conteúdo: Lidiane Vivaldini Olo
Editoria de Ciências Humanas: Heloísa Pimentel
Editora: Francisca Edilania B. Rodrigues
Supervisão de arte e produção: Sérgio Yutaka
Editora de arte: Yong Lee Kim
Supervisor de arte e criação: Didier Moraes
Coordenadora de arte e criação: Andréa Dellamagna
Diagramação: Arte Ação e Celma Cristina Ronquini
Design gráfico: UC Produção Editorial e Rafael Leal
Gerente de revisão: Hélia de Jesus Gonsaga
Equipe de revisão: Rosângela Muricy (coord.), Ana Paula Chabaribery Malfa, Gabriela Macedo de Andrade, Patrícia Travanca e Vanessa de Paula Santos; Flávia Venézio dos Santos (estag.)
Supervisão de iconografia: Sílvio Kligin
Pesquisa iconográfica: Carlos Luvizari e Evelyn Torrecilla
Tratamento de imagem: Cesar Wolf e Fernanda Crevin
Foto da capa: Pete Ryan/National Geographic/Getty Images
Grafismos: Shutterstock/Glow Images
(utilizados na capa e aberturas de capítulos e seções)
Ilustrações: Allmaps e Cassiano Röda
Cartografia: Allmaps

Avenida das Nações Unidas, 7221, 3º andar, Setor D
Pinheiros – CEP 05425-902 – São Paulo – SP
Tel.: 4003-3061
www.scipione.com.br / atendimento@scipione.com.br

Dados Internacionais de Catalogação na Publicação (CIP)
(Câmara Brasileira do Livro, SP, Brasil)

Moreira, João Carlos
Projeto Múltiplo : geografia, volume único : partes 1, 2 e 3 / João Carlos Moreira, Eustáquio de Sene. – 1. ed. – São Paulo : Scipione, 2014.

1. Geografia (Ensino médio) I. Sene, Eustáquio de. II. Título.

14-06251 CDD-910.712

Índice para catálogo sistemático:
1. Geografia : Ensino médio 910.712

2023
ISBN 978 85 262 9396-0 (AL)
ISBN 978 85 262 9397-7 (PR)
Código da obra CL 738776
CAE 502764 (AL)
CAE 502787 (PR)
1ª edição
9ª impressão

Impressão e acabamento Gráfica Eskenazi

Apresentação

Este **Caderno de Estudo** foi pensado para ajudá-lo na retenção dos conhecimentos adquiridos por meio do livro-texto e das aulas dadas pelo professor. É composto de esquemas-resumo que oferecem uma visão ampla e articulada dos temas estudados e contribuem para que seu aprendizado seja significativo. Além dos esquemas-resumo, este Caderno traz uma seleção de testes e questões dos principais vestibulares do país para ajudá-lo a se preparar para futuros exames. Ao final, há uma seleção de testes do *Desafio National Geographic* que também contribuem para consolidar seu aprendizado.

Esperamos que este material lhe seja útil.
Bom estudo!

Os autores

Sumário

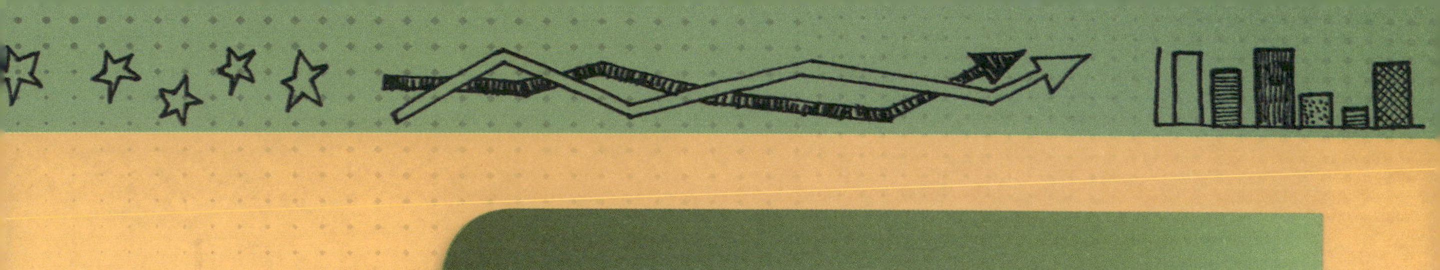

Vestibular em foco

Theo Szczepanski/ Arquivo da Editora

impulso da industrialização brasileira (da Primeira Guerra Mundial a 1929)

1914-1918
desenvolvimento e diversificação da indústria a partir da Primeira Guerra Mundial

1919
70% da produção era de bens de consumo não duráveis

1929
com a crise da Bolsa de Nova York, a indústria brasileira ganha impulso

fatores

- produção de energia elétrica
- disponibilidade da mão de obra
- disponibilidade de capital adquirido por causa das exportações do café
- ferrovias para escoar produção
- redução das importações

a agricultura cafeeira possibilitou a construção de ferrovias para o escoamento do café no porto de Santos, além da consolidação do sistema bancário e do comércio

governo Getúlio Vargas (1930-1945)

1929
com a crise, aplica-se os princípios do keynesianismo

adota medidas fiscais e cambiais para desvalorizar a moeda e restringir importações

indústria de 1930 a 1956

1939-1945
(Segunda Guerra Mundial) indústria brasileira cresceu apenas 5,4%

Estado realiza investimentos para impulsionar a industrialização e implantar indústrias estatais

- **indústria de base**
- **indústria de extração mineral**

1934
constituição inclui direitos trabalhistas

- salário mínimo
- descanso semanal remunerado
- férias anuais

1937
nova Constituição mantém Getúlio no poder até 1945 (Estado Novo)

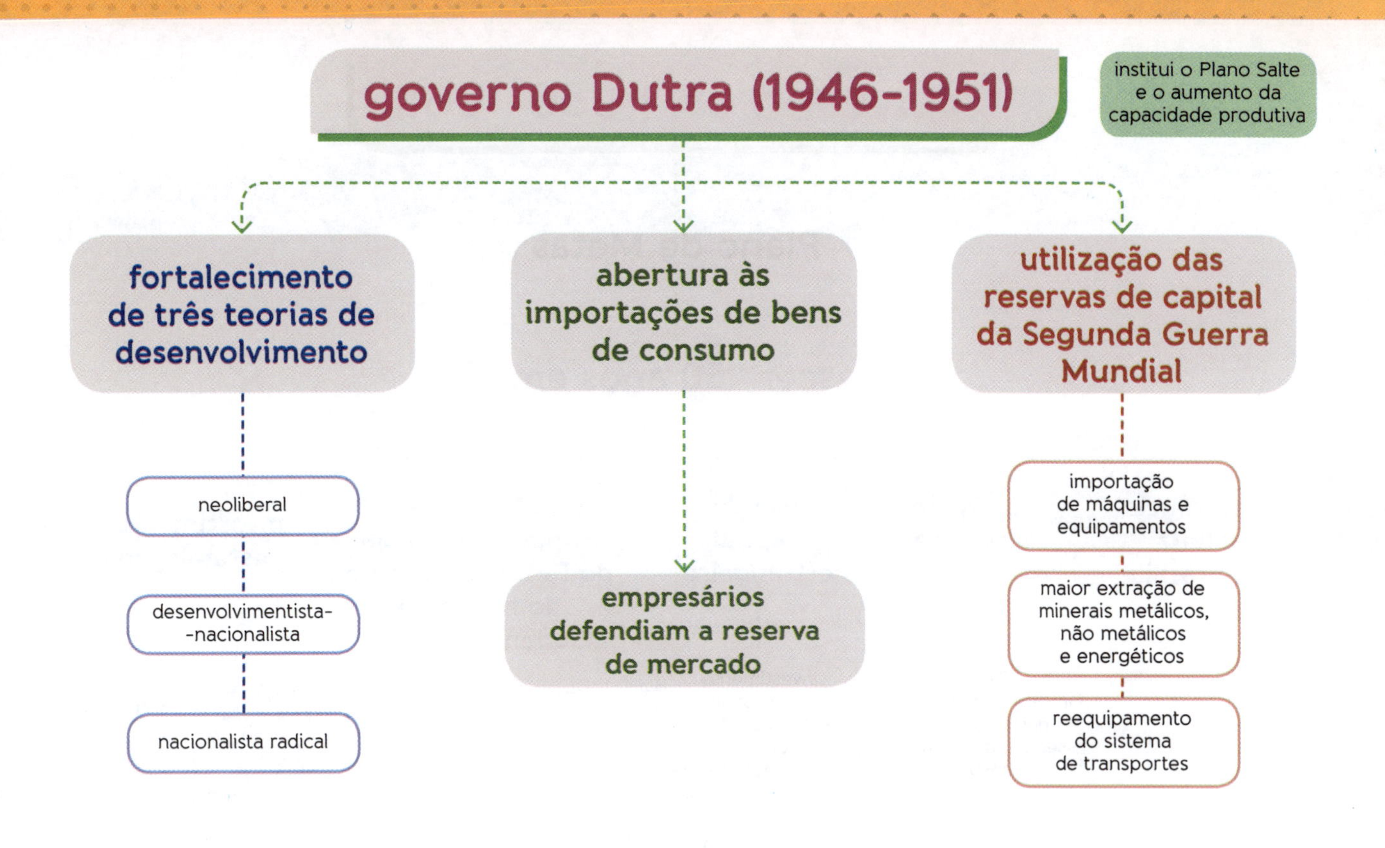
governo Dutra (1946-1951)
institui o Plano Salte e o aumento da capacidade produtiva
fortalecimento de três teorias de desenvolvimento
neoliberal
desenvolvimentista-nacionalista
nacionalista radical
abertura às importações de bens de consumo
empresários defendiam a reserva de mercado
utilização das reservas de capital da Segunda Guerra Mundial
importação de máquinas e equipamentos
maior extração de minerais metálicos, não metálicos e energéticos
reequipamento do sistema de transportes

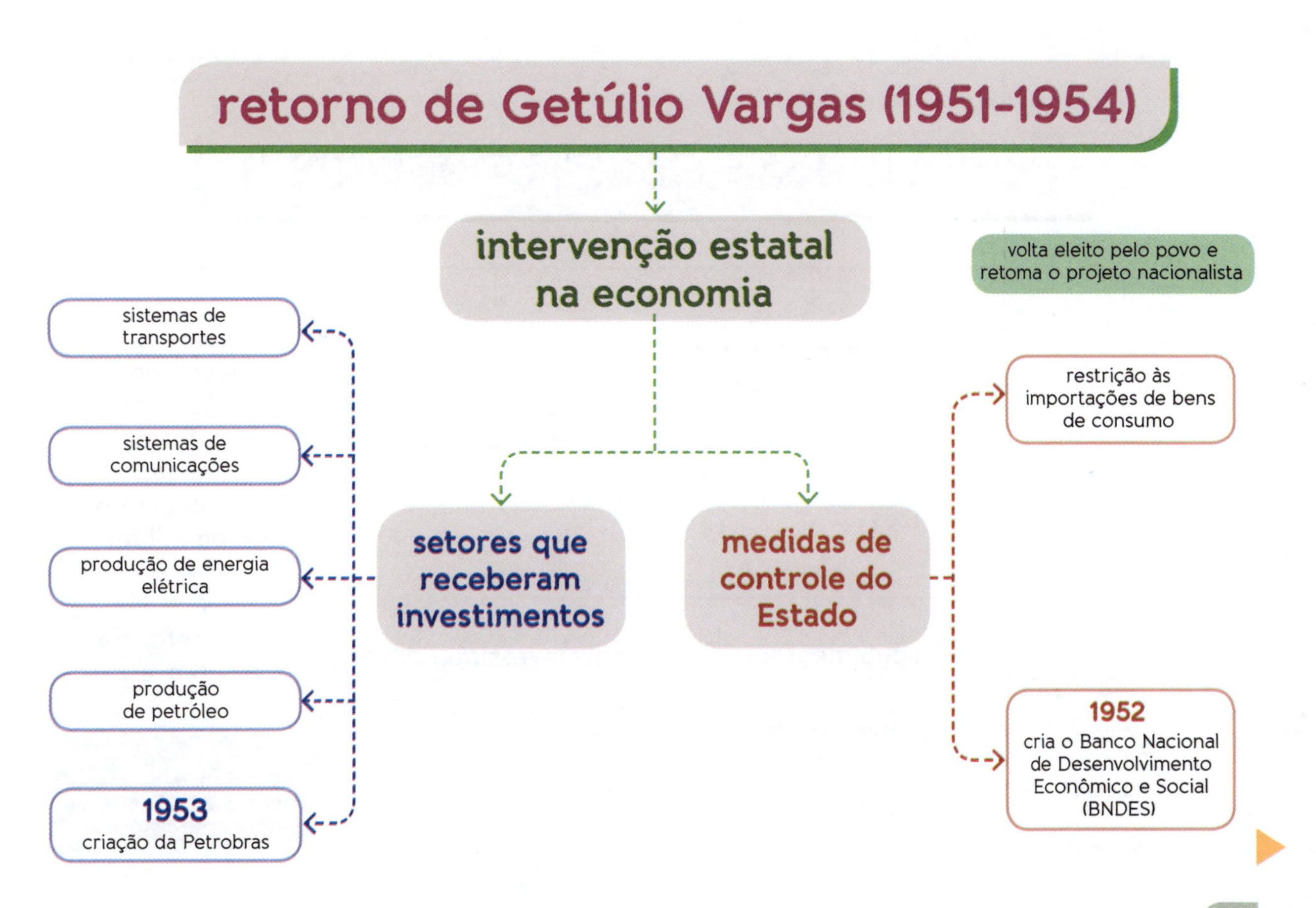
retorno de Getúlio Vargas (1951-1954)
intervenção estatal na economia
volta eleito pelo povo e retoma o projeto nacionalista
setores que receberam investimentos
sistemas de transportes
sistemas de comunicações
produção de energia elétrica
produção de petróleo
1953
criação da Petrobras
medidas de controle do Estado
restrição às importações de bens de consumo
1952
cria o Banco Nacional de Desenvolvimento Econômico e Social (BNDES)

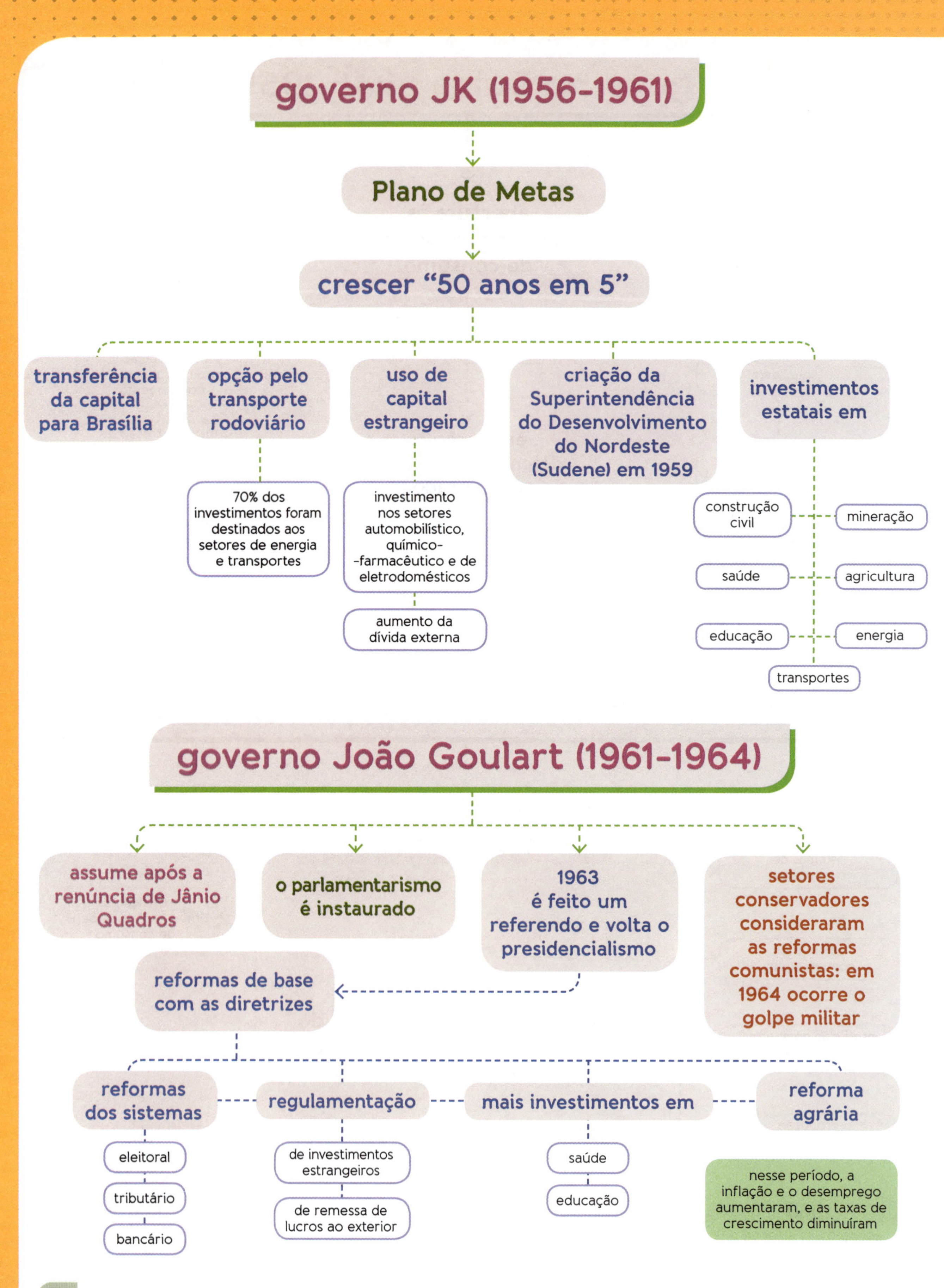
governo JK (1956-1961)
Plano de Metas
crescer "50 anos em 5"
transferência da capital para Brasília
opção pelo transporte rodoviário
70% dos investimentos foram destinados aos setores de energia e transportes
uso de capital estrangeiro
investimento nos setores automobilístico, químico--farmacêutico e de eletrodomésticos
aumento da dívida externa
criação da Superintendência do Desenvolvimento do Nordeste (Sudene) em 1959
investimentos estatais em
construção civil
mineração
saúde
agricultura
educação
energia
transportes
governo João Goulart (1961-1964)
assume após a renúncia de Jânio Quadros
o parlamentarismo é instaurado
1963 é feito um referendo e volta o presidencialismo
setores conservadores consideraram as reformas comunistas: em 1964 ocorre o golpe militar
reformas de base com as diretrizes
reformas dos sistemas
eleitoral
tributário
bancário
regulamentação
de investimentos estrangeiros
de remessa de lucros ao exterior
mais investimentos em
saúde
educação
reforma agrária
nesse período, a inflação e o desemprego aumentaram, e as taxas de crescimento diminuíram

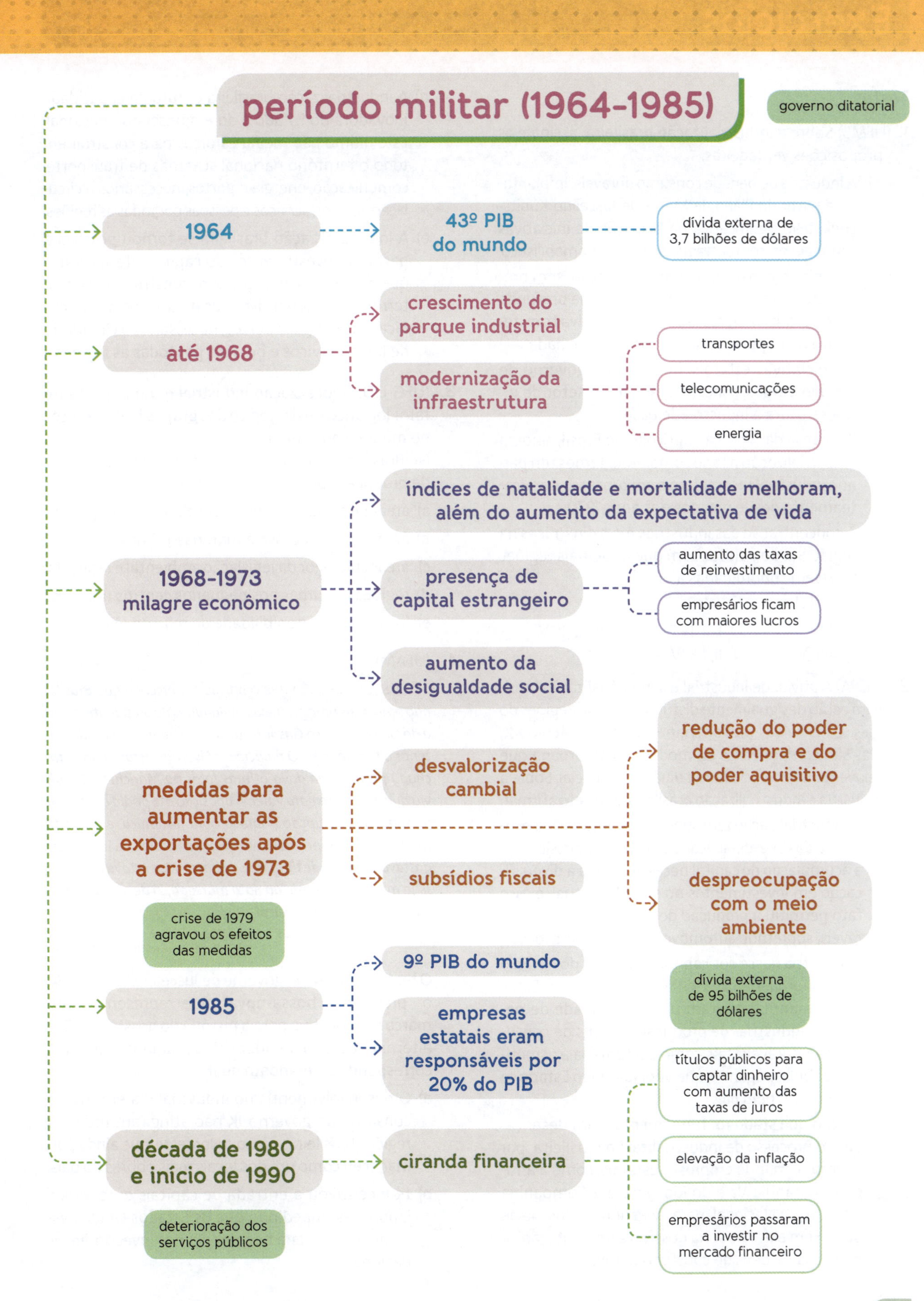

período militar (1964-1985)
governo ditatorial
1964
43º PIB do mundo
dívida externa de 3,7 bilhões de dólares
até 1968
crescimento do parque industrial
modernização da infraestrutura
transportes
telecomunicações
energia
1968-1973 milagre econômico
índices de natalidade e mortalidade melhoram, além do aumento da expectativa de vida
presença de capital estrangeiro
aumento das taxas de reinvestimento
empresários ficam com maiores lucros
aumento da desigualdade social
medidas para aumentar as exportações após a crise de 1973
desvalorização cambial
subsídios fiscais
redução do poder de compra e do poder aquisitivo
despreocupação com o meio ambiente
crise de 1979 agravou os efeitos das medidas
1985
9º PIB do mundo
empresas estatais eram responsáveis por 20% do PIB
dívida externa de 95 bilhões de dólares
década de 1980 e início de 1990
ciranda financeira
títulos públicos para captar dinheiro com aumento das taxas de juros
elevação da inflação
empresários passaram a investir no mercado financeiro
deterioração dos serviços públicos

Exercícios

Testes

1. (UFMS) Sobre a industrialização brasileira, assinale as proposições verdadeiras.

   I. A indústria de bens de consumo duráveis, implantada a partir do Plano de Metas de Juscelino Kubitschek, teve significativa participação de iniciativas estrangeiras, com destaque do setor automobilístico.
   II. A implantação de uma industrialização, sem prévia reforma agrária, desembocou numa profunda crise agrária, manifestada pela excessiva transferência da população do campo para a cidade.
   III. As iniciativas estatais, iniciadas no governo de Getúlio Vargas, concentraram-se no setor de infraestrutura e indústria de base.
   IV. Por causa da "vocação agrícola" do Brasil, a nossa industrialização não se completou; temos um parque industrial incompleto e em processo de sucateamento desde meados dos anos 1970.
   V. A concentração das indústrias mais dinâmicas na região Sul do país fez com que as demais regiões ficassem subordinadas a ela.

   Estão corretas:

   a) I, II, III.
   b) I, II, III, IV.
   c) I, II, IV, V.
   d) II, III, IV, V.
   e) I, III, V.

2. (UFPA) A atividade industrial e a industrialização brasileira estão desigualmente distribuídas pelas regiões do país. Construídas predominantemente no século XX, elas são componentes da modernização urbana que reinventa nossa sociedade e dinâmica espacial. Sobre a indústria e industrialização brasileira, é correto afirmar:

   a) A industrialização tem suas raízes fincadas na economia da cana-de-açúcar e do café, que possibilitou a acumulação de capital necessária para a diversificação em investimentos no setor industrial, e esse fato permitiu a produção de bens de consumo duráveis, sobretudo automóveis e eletrodomésticos.
   b) A indústria nasce dos capitais restantes do declínio da economia da cana-de-açúcar e do café. Esses capitais impulsionaram uma diversidade de pequenas indústrias de produção de bens de consumo não duráveis, tais como perfumaria, cosméticos, bebidas, cigarros, que apoiadas pelo Estado se difundiram pelo país.
   c) A ação do Estado foi fundamental para desencadear o processo de industrialização brasileira, por exemplo, criando empresas estatais, como a antiga Companhia Vale do Rio Doce e a Companhia Siderúrgica Nacional, para investir na indústria de base. Sem elas não seria possível a implantação de indústria de bens de consumo duráveis.
   d) A industrialização brasileira é fruto da capacidade inovadora do Estado e do empresariado nacional. Este último não mediu esforços para construir em todo o território nacional sistemas de transporte, comunicação, energia e portos, necessários à circulação de bens, serviços e pessoas por todas as regiões.
   e) A industrialização brasileira se tornou possível a partir de investimentos do capital internacional, que não mediu esforços para construir em todo o território nacional sistemas de transporte, comunicação, energia e portos, necessários à circulação de bens, serviços e pessoas por todas as regiões.

3. (UFG-GO) A localização industrial é um importante fator logístico e estratégico dos grupos hegemônicos no mundo contemporâneo.
   No Brasil, nas últimas décadas, as indústrias de bens de produção foram instaladas em

   a) áreas de concentração de trabalhadores migrantes.
   b) áreas de fácil acesso a matérias-primas.
   c) áreas cujo rigor da legislação ambiental é reduzido.
   d) regiões próximas aos pequenos centros urbanos.
   e) locais com disponibilidade de mão de obra.

4. (UFAM)

   1958 foi o ano em que o brasileiro percebeu que Brasília não seria mais uma daquelas maluquices de presidente, como a do General Eurico Gaspar Dutra decretando na década anterior o fim do jogo. O palácio da Alvorada estava com a fachada pronta, e já dava ótimas fotos na Manchete. O país via que agora era para valer. A oposição até podia continuar falando em corrupção naquela obra faraônica, e a revista Maquis, *mais os jornais* Última Hora *e* Tribuna da Imprensa, *gastavam galões de tinta nesse esforço. Mas estava claro que JK ia mesmo transferir, na data marcada, 21 de abril de 1960, a capital do Rio de Janeiro.*

   SANTOS, J. F. *Feliz 1958*: o ano que não devia terminar. Rio de Janeiro: Record, 1998, p. 20.

   O texto refere-se ao governo de Juscelino Kubitschek, o "presidente bossa-nova", que representou um marco significativo para a história do nosso país. Das alternativas abaixo identifique aquela que não corresponde ao mandato de JK:

   a) O desenvolvimentismo industrial e a euforia do consumo do governo JK não atingiram todas as regiões brasileiras como o Nordeste, que ainda permaneceu como um dos locais mais pobres do país.
   b) JK incentivou a entrada de capitais europeus e japoneses impedindo que os Estados Unidos assumissem a plena hegemonia nos investimentos nacionais.

c) O Plano de Metas proposto pela administração de Juscelino proporcionou importantes resultados como a consolidação do setor de bens de consumo duráveis e o estabelecimento de novas relações entre o Estado e a economia.

d) Por outro lado, a implementação do Plano de Metas juntamente com o aporte do capital internacional gerou o aumento da inflação e da dívida externa.

e) A criação da Petrobras em 1957 foi a solução encontrada pelo presidente para abastecer a nova indústria automobilística genuinamente brasileira.

5. (UFRGS-RS) Sobre o processo de industrialização brasileiro, são feitas as seguintes afirmações:

I. A partir de 1930, começa um importante projeto de criação de infraestrutura para o desenvolvimento do parque industrial.

II. A partir da Segunda Guerra Mundial, acentua-se o processo de estatização das indústrias na Região Sudeste.

III. A partir de 1964, amplia-se o parque industrial para atender a demanda da modernização da agricultura.

Quais estão corretas?

a) Apenas I.
b) Apenas II.
c) Apenas III.
d) Apenas I e III.
e) Apenas II e III.

6. (Fuvest-SP)

Ainda no começo do século 20, Euclides da Cunha, em pequeno estudo, discorria sobre os meios de sujeição dos trabalhadores nos seringais da Amazônia, no chamado regime de peonagem, a escravidão por dívida. Algo próximo do que foi constatado em São Paulo nestes dias [agosto de 2011] envolvendo duas oficinas terceirizadas de produção de vestuário.

Adaptado de: José de Souza Martins, 2011.

No texto acima, o autor faz menção à presença de regime de trabalho análogo à escravidão, na indústria de bens

a) de consumo não duráveis, com a contratação de imigrantes asiáticos, destacando-se coreanos e chineses.

b) de consumo duráveis, com a superexploração, por meio de empresas de pequeno porte, de imigrantes chilenos e bolivianos.

c) intermediários, com a contratação prioritária de imigrantes asiáticos, destacando-se coreanos e chineses.

d) de consumo não duráveis, com a superexploração, principalmente, de imigrantes bolivianos e peruanos.

e) de produção, com a contratação majoritária, por meio de empresas de médio porte, de imigrantes peruanos e colombianos.

7. (Mack-SP)

Flagrantes mostram roupas da Zara sendo fabricadas por escravos

O quadro encontrado pelos agentes do poder público, e acompanhado pela Repórter Brasil, *incluía contratações completamente ilegais, trabalho infantil, condições degradantes, jornadas exaustivas de até 16h diárias e cerceamento de liberdade (seja pela cobrança e desconto irregular de dívidas dos salários, o* truck system, *seja pela proibição de deixar o local de trabalho sem prévia autorização). Apesar do clima de medo entre as vítimas, um dos trabalhadores explorados confirmou que só conseguia sair da casa com a autorização do dono da oficina, só concedida em casos urgentes, como quando levou seu filho ao médico [...]*

As vítimas libertadas pela fiscalização foram aliciadas na Bolívia e no Peru. [...] Em busca de melhores condições de vida, deixam os seus países rumo ao "sonho brasileiro".

Disponível em: <http://noticias.uol.com.br>. Acesso em: 11 ago. 2014.

O conteúdo da reportagem tem relação com a questão do trabalho no mundo contemporâneo e

a) ocorre apenas em países subdesenvolvidos, fato que justifica a opção de instalação da empresa mencionada no Brasil.

b) caracteriza a exploração de trabalhadores em condições desumanas, seja em países ricos ou pobres, no que se convencionou chamar de "precarização do trabalho".

c) tem se tornado cada vez menos frequente, pois o processo de globalização tem permitido o combate desse fenômeno em todos os países do mundo.

d) não ocorre na Europa e na América do Norte, regiões onde os imigrantes são tratados segundo o respeito às leis trabalhistas, em países cujos governos igualam o tratamento entre trabalhadores nativos e estrangeiros.

e) envolve apenas trabalhadores estrangeiros em áreas urbanas do Brasil, não se verificando condições desse tipo de superexploração do trabalho nas áreas rurais.

Questões

8. (Unicamp-SP) Levando-se em consideração que, historicamente, a implantação de indústrias siderúrgicas constituiu-se em fator fundamental no processo de industrialização:

a) justifique a importância das indústrias siderúrgicas;

b) explique como se deu a sua implantação no Brasil.

9. (Unicamp-SP) O texto abaixo descreve alguns aspectos da implantação da indústria automobilística no Brasil.

[...] as montadoras estrangeiras, a começar pelas europeias, aceitaram o convite e instalaram suas fábricas no Brasil, ao lado das empresas já em operação no país: a Fábrica Nacional de Motores (FNM), produzindo inicialmente alguns caminhões, e a Vemag (automóveis e utilitários) (...), ambas de capital nacional. A Vemag foi comprada pela Volkswagen [...], a FNM foi comprada pela Alfa Romeo e posteriormente incorporada à Fiat.

Adaptado de: *Retratos do Brasil*. São Paulo, p. 262.

a) A partir de quando as grandes montadoras estrangeiras vieram para o Brasil e onde se instalaram?

b) Quais as características da industrialização brasileira, a partir desse momento?

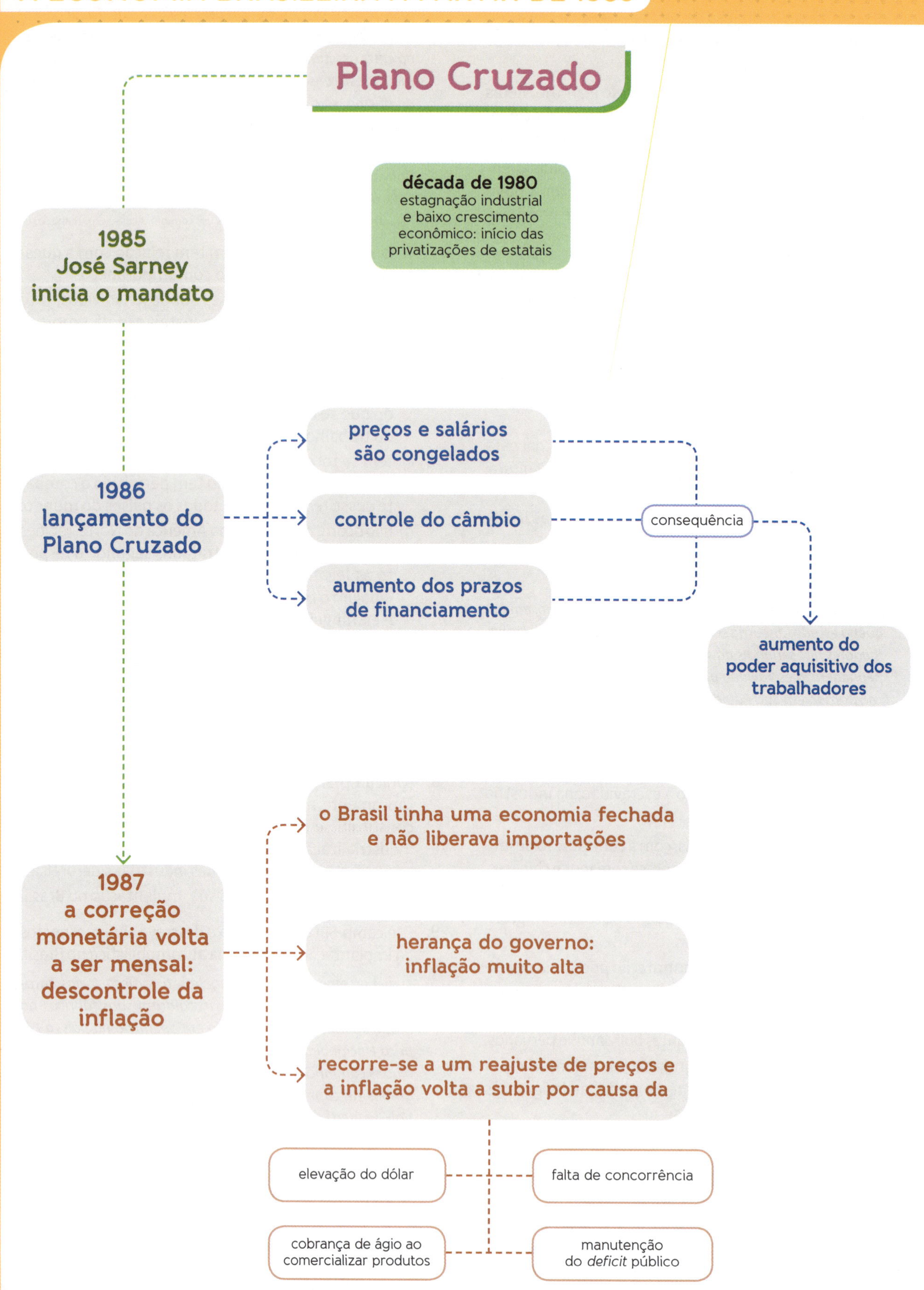
Plano Cruzado
década de 1980
estagnação industrial e baixo crescimento econômico: início das privatizações de estatais
1985
José Sarney inicia o mandato
1986
lançamento do Plano Cruzado
preços e salários são congelados
controle do câmbio
aumento dos prazos de financiamento
consequência
aumento do poder aquisitivo dos trabalhadores
1987
a correção monetária volta a ser mensal: descontrole da inflação
o Brasil tinha uma economia fechada e não liberava importações
herança do governo: inflação muito alta
recorre-se a um reajuste de preços e a inflação volta a subir por causa da
elevação do dólar
falta de concorrência
cobrança de ágio ao comercializar produtos
manutenção do deficit público

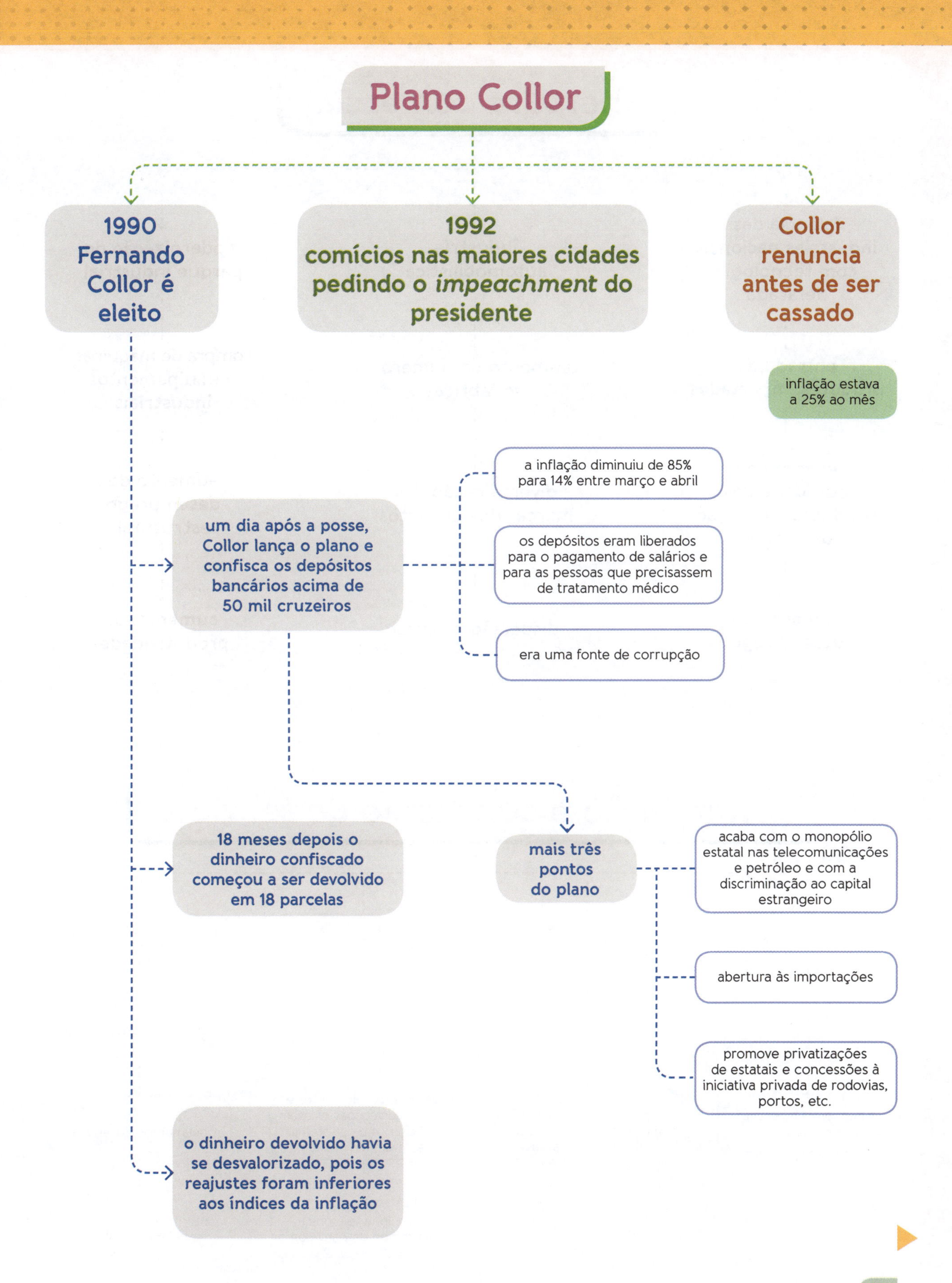
Plano Collor
1990
Fernando Collor é eleito
1992
comícios nas maiores cidades pedindo o *impeachment* do presidente
Collor renuncia antes de ser cassado
inflação estava a 25% ao mês
um dia após a posse, Collor lança o plano e confisca os depósitos bancários acima de 50 mil cruzeiros
a inflação diminuiu de 85% para 14% entre março e abril
os depósitos eram liberados para o pagamento de salários e para as pessoas que precisassem de tratamento médico
era uma fonte de corrupção
18 meses depois o dinheiro confiscado começou a ser devolvido em 18 parcelas
mais três pontos do plano
acaba com o monopólio estatal nas telecomunicações e petróleo e com a discriminação ao capital estrangeiro
abertura às importações
promove privatizações de estatais e concessões à iniciativa privada de rodovias, portos, etc.
o dinheiro devolvido havia se desvalorizado, pois os reajustes foram inferiores aos índices da inflação

abertura comercial
falência das indústrias nacionais com tecnologia defasada
entrada de produtos importados
melhora da qualidade dos produtos e redução de preços
aumento do desemprego
indústria automobilística
aumento do número de fábricas
diversificação das marcas dos produtos
dispersão espacial
modernização do parque industrial
compra de máquinas e equipamentos industriais
aumento do desemprego estrutural
aumento da produtividade

privatização e concessão de serviços
o Estado comanda os setores por meio de agências reguladoras
a economia brasileira ainda é muito fechada
ingresso do capital estrangeiro, aumento das remessas de lucros e pagamento de royalties
os investimentos privados permitiram melhoras, porém houve aumento das tarifas
com a privatização, os governos reduziram despesas e aumentaram a arrecadação de impostos
setores de transportes e telecomunicações estavam deficitários e os sistemas estavam deficientes
uma linha telefônica era um tipo de patrimônio
para equilibrar a balança comercial
incentivo às exportações
incentivo aos investimentos estrangeiros
internacionalização de empresas brasileiras

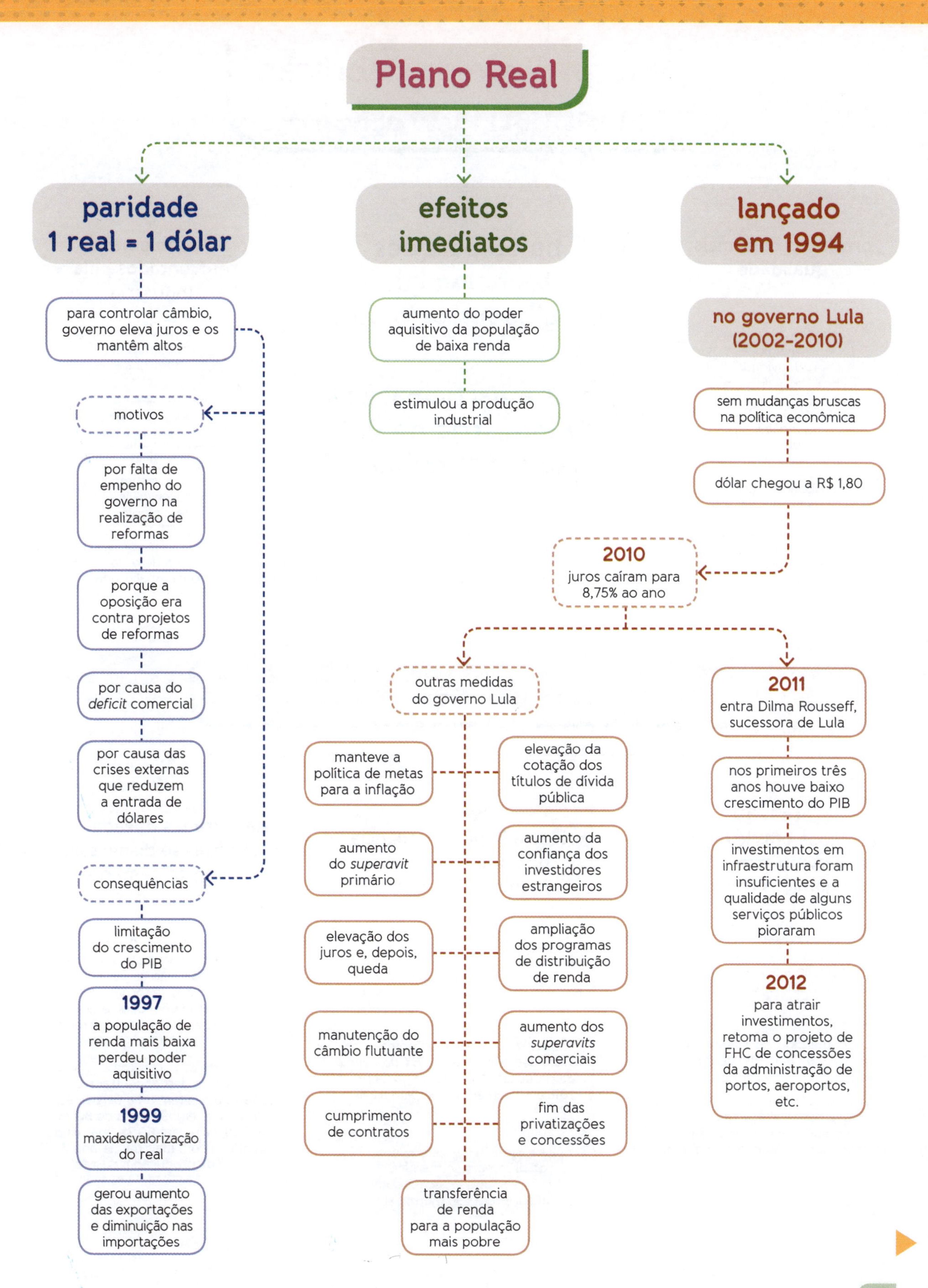
Plano Real
paridade
1 real = 1 dólar
efeitos
imediatos
lançado
em 1994
para controlar câmbio, governo eleva juros e os mantêm altos
motivos
por falta de empenho do governo na realização de reformas
porque a oposição era contra projetos de reformas
por causa do *deficit* comercial
por causa das crises externas que reduzem a entrada de dólares
consequências
limitação do crescimento do PIB
1997
a população de renda mais baixa perdeu poder aquisitivo
1999
maxidesvalorização do real
gerou aumento das exportações e diminuição nas importações
aumento do poder aquisitivo da população de baixa renda
estimulou a produção industrial
no governo Lula
(2002-2010)
sem mudanças bruscas na política econômica
dólar chegou a R$ 1,80
2010
juros caíram para 8,75% ao ano
outras medidas do governo Lula
manteve a política de metas para a inflação
elevação da cotação dos títulos de dívida pública
aumento do *superavit* primário
aumento da confiança dos investidores estrangeiros
elevação dos juros e, depois, queda
ampliação dos programas de distribuição de renda
manutenção do câmbio flutuante
aumento dos *superavits* comerciais
cumprimento de contratos
fim das privatizações e concessões
transferência de renda para a população mais pobre
2011
entra Dilma Rousseff, sucessora de Lula
nos primeiros três anos houve baixo crescimento do PIB
investimentos em infraestrutura foram insuficientes e a qualidade de alguns serviços públicos pioraram
2012
para atrair investimentos, retoma o projeto de FHC de concessões da administração de portos, aeroportos, etc.

estrutura e distribuição da indústria brasileira

produtos com mais qualidade

- maior produtividade
- aspectos positivos na dinâmica industrial
- desconcentração da produção
- aumento da exportação de produtos industrializados

há 55 parques tecnológicos espalhados pelo país

mas a participação da indústria no PIB tem diminuído

problemas enfrentados pela indústria

- problemas de logística
- preço alto da energia elétrica
- baixo investimento em desenvolvimento tecnológico
- mão de obra pouco qualificada
- barreiras tarifárias e não tarifárias de outros países
- elevada carga tributária

desconcentração industrial

até 1930 as regiões brasileiras eram vistas como arquipélagos econômicos regionais

- depois da crise do café e com o processo de industrialização, a integração entre as economias aumentou
- quem comandou essa integração foi o eixo São Paulo-Rio de Janeiro
- houve concentração industrial no Sudeste por causa da complementaridade industrial e da melhor infraestrutura

1968 criada a Superintendência da Zona Franca de Manaus (Suframa)

- com os planos nacionais de desenvolvimento na ditadura militar, houve a inauguração de usinas hidrelétricas no Norte e no Nordeste
- em 1970, o Norte e o Centro-Oeste detinham apenas 1,6% do valor da produção industrial do país; em 2011, esse número saltou para 11,3%

o Sul sempre se manteve como a segunda região com maior produção industrial

nas últimas décadas, as indústrias se dispersaram geograficamente

- década de 1990: indústrias são deslocadas para outras regiões por causa da mão de obra barata e os sindicatos se tornam menos atuantes; também ocorre guerra fiscal entre estados e municípios
- apesar da desconcentração, o Sudeste ainda tem uma participação muito alta: em 1970, era de 80,7%, em 2011, caiu para 60,7%, mas ainda continua com mais da metade do valor da produção industrial

Exercícios

Testes

1. (UEL-PR) A partir dos anos de 1930, o Brasil intensificou seu processo de industrialização e, assim, a indústria superou a agropecuária em termos de participação no PIB. Até os anos de 1980, o Estado atuou de forma decisiva nesse processo.
Com base nos conhecimentos sobre a participação do Estado no processo de industrialização brasileira entre 1930 e 1980, é correto afirmar que o Estado brasileiro:
   a) Investiu na chamada indústria de base, construiu infraestrutura nos setores de energia, transporte e comunicação e foi responsável pela criação da legislação trabalhista.
   b) Priorizou o transporte ferroviário, estatizou as empresas do setor de bens de consumo, adotou legislação trabalhista mais rígida em relação àquela que vigorou na era Vargas.
   c) Estatizou a indústria de bens de consumo duráveis, privatizou as empresas estatais de geração e distribuição de energia elétrica, petróleo e gás natural e revogou a legislação trabalhista do período Vargas.
   d) Incentivou, por meio de privatizações, investimentos no setor de infraestrutura de transportes, tais como estradas e hidrovias, e abriu o mercado interno à importação, reduzindo barreiras alfandegárias.
   e) Abriu, por meio de parcerias, o mercado interno ao investimento especulativo estrangeiro nas áreas de securidade social, telecomunicações e finanças, facilitando a remessa de recursos financeiros para o exterior.

2. (Fatec-SP) Sobre as características fundamentais da industrialização brasileira até a década de 1970, é válido afirmar que:
   a) esteve historicamente subordinada ao capital comercial multinacional e aos interesses dos grandes latifundiários nacionais.
   b) se distinguia pela autonomia nacional nos setores de bens de produção, bens intermediários e bens de consumo não duráveis.
   c) se localizava territorialmente sobretudo no Sul e no Sudeste, devido basicamente às políticas de descentralização industrial realizadas desde o Estado Novo.
   d) esteve marcada pela dependência tecnológica e financeira e pela concentração territorial, ambas responsáveis pela reprodução do subdesenvolvimento do país.
   e) desenvolveu as tecnologias da 2ª e 3ª revoluções industriais, com base nas pesquisas privadas e públicas das universidades e laboratórios do país.

3. (Ufscar-SP) A respeito das disparidades regionais do Brasil, é correto afirmar que:
   a) elas sempre existiram na nossa história, com o Nordeste sendo a região mais carente desde os primórdios da colonização.
   b) elas se tornaram mais graves com a globalização, que ocasionou uma acelerada industrialização do Sudeste e um retrocesso no Nordeste.
   c) elas foram adquirindo as suas características atuais com a industrialização do país e tornaram-se assunto da política nacional a partir dos anos 1950.
   d) elas decorrem fundamentalmente das diversidades naturais do nosso território e da distribuição espacial das riquezas minerais.
   e) elas são um problema nacional desde a colonização, devido às secas do Nordeste, que sempre exigiram políticas voltadas para o desenvolvimento dessa região.

4. (UFAL) A partir da década de 1970, dois fatos importantes ocorreram simultaneamente: início da diminuição da concentração industrial no Sudeste e o processo de desconcentração industrial no Brasil. Dentre os motivos que podem explicar esses fatos citam-se:
   a) o esgotamento dos recursos minerais no Sudeste e o aumento das necessidades de exportação geradas pela entrada do Brasil na Aladi.
   b) a forte atuação do Estado criando incentivos fiscais para que indústrias do Sudeste se instalassem em outras regiões e o desenvolvimento em âmbito nacional de infraestrutura de transportes e comunicações.
   c) o aumento das necessidades de combustíveis fósseis como o carvão e o petróleo, inexistentes no Sudeste, e a formação do Mercosul, que representa maiores exportações para o país.
   d) o declínio acentuado dos fluxos migratórios em direção ao Sudeste e a descoberta de importantes recursos minerais em vários pontos do país, como o caso de Carajás.
   e) a limitação do espaço do Sudeste para a instalação de novos parques industriais e a elevação generalizada dos padrões de renda e consumo da população brasileira.

5. (UFPB) O processo de industrialização brasileira encontrou, no Centro-Sul do país, principalmente em São Paulo, os elementos indispensáveis ao seu desenvolvimento: mão de obra assalariada, mercado consumidor, eletricidade, sistema de transportes e excelente sistema bancário. Sobre esse processo, é **incorreto** afirmar que:

a) a concentração da produção industrial brasileira ocorre, desde os seus primórdios, em São Paulo.
b) a elevada concentração industrial em São Paulo gerou uma deseconomia de escala, responsável pela desconcentração espacial das indústrias, a partir de 1970.
c) o processo de desconcentração espacial das indústrias paulistas gerou um surto de industrialização no Nordeste e no Sul, equilibrando, assim, a produção industrial por regiões.
d) o crescimento industrial nas diversas regiões do país passa, a partir dos anos 1970, a ser promovido pelos governos estaduais e federal, através de incentivos.
e) as atividades industriais concentram-se, atualmente, em São Paulo, tendo as outras regiões do país como mercados consumidores, de acordo com a lógica da acumulação capitalista.

6. (UEL-PR) As hachuras, no mapa, representam áreas de:
a) baixa densidade demográfica.
b) degradação das florestas tropicais.
c) alto índice pluviométrico.
d) influência das regiões metropolitanas.
e) concentração industrial.

7. (UFV-MG) No período pré-industrial brasileiro, quando a economia nacional era dominada basicamente pelas atividades agrícolas de exportação, a organização do espaço geográfico era do tipo:
a) centro e periferias, com um espaço nacional integrado.
b) centro na Zona da Mata nordestina e a periferia em São Paulo, com fortes relações de troca que favoreciam o centro.
c) semelhante aos dias de hoje, mas sem trocas de bens industriais.
d) em que a região amazônica e a Centro-Oeste exerciam o papel de centro, juntamente com a região Nordeste.
e) áreas isoladas ou "arquipélagos", onde não havia um espaço nacional integrado.

8. (UFMG) Nos últimos anos, o Brasil experimentou um amplo processo de privatização da economia. É incorreto afirmar que esse processo:
a) constituiu uma resposta do Estado brasileiro à necessidade de se tornar mais ágil nas questões que lhe competem e, também, às pressões neoliberais, que acompanham a tendência internacionalmente imposta.
b) aumentou o índice de desemprego no país pelo fechamento de postos de trabalho, uma das exigências do capital privado para se tornar competitivo em nível mundial.
c) fortaleceu a presença do Estado brasileiro dentro das fronteiras políticas nacionais em relação tanto ao capital especulativo quanto ao produtivo, que interferem na economia do país.
d) contribuiu para um expressivo aumento da participação do capital estrangeiro na economia brasileira, no setor produtivo e naqueles de prestação de serviços, anteriormente considerados monopólio do Estado.

9. (UFV-MG) Ultimamente, a imprensa tem utilizado a expressão "guerra fiscal" para denominar o tipo de relacionamento entre os estados da Federação. Essa expressão significa:
a) a realização de *blitz* fiscal de um estado em território de outro.
b) a discordância por parte de alguns estados quanto à privatização de suas empresas.
c) a concessão de amplos benefícios fiscais por parte de alguns estados para atraírem investimentos industriais em seu território.
d) a moratória decretada por alguns estados, levando outros a também deixarem de pagar suas dívidas com a União.
e) a instalação de barreiras alfandegárias nas estradas que cruzam vários estados, devido às diferentes formas de tributos.

Questão

10. (Fuvest-SP) O processo de desconcentração industrial no Brasil vem sendo apontado como um dos responsáveis pelos altos índices de desemprego verificados em algumas áreas metropolitanas. Ao mesmo tempo, o setor terciário tem sido, reconhecidamente, o grande empregador no atual estágio de desenvolvimento da economia brasileira. Com base nessas informações e em seus conhecimentos,
a) cite e analise duas causas possíveis dessa desconcentração industrial;
b) explique por que o setor terciário tornou-se o maior empregador do país.

energias não renováveis

petróleo

século XIX
na Segunda Revolução Industrial, é o petróleo que impulsiona o crescimento econômico

com o uso do petróleo em motores de veículos, seu consumo disparou

1928
o cartel "as sete irmãs" é formado

1930
muitos países investem na própria exploração por meio de estatais

1960
a Opep é criada

1973
"primeiro choque do petróleo"

1979-1980
segunda crise do petróleo
– muitos países investem em outras fontes para diminuir dependências outros aproveitam para se tornar grandes exportadores

1990
- Iraque invade Kuwait
- EUA e outros países interferem no conflito
- o preço do barril chega a 40 dólares, depois cai para 20

preço em 2004
30 dólares

preço em 2008
93 dólares

preço em 2012
109 dólares

carvão mineral e gás natural

impulsionou o crescimento industrial no século XVIII – Primeira Revolução Industrial

responsáveis por 40% e 20% da energia geradas, respectivamente

a queima do carvão gera muitos problemas ambientais

o gás natural é mais barato que o carvão e é transportado por dutos

a queima de gás natural gera energia mais limpa do que o carvão e o petróleo

termelétrica

requer menores investimentos para ser construída, porém os custos de obtenção de energia são maiores

pressão do vapor de água movimenta turbinas e gera energia

é necessária a queima de combustíveis, principalmente os fósseis

responsável por mais de 80% da energia elétrica produzida no mundo

energia atômica

em 2010, produziu 10,3% da energia do mundo

água movimenta as turbinas dessas usinas, que podem causar acidentes

acidentes mais conhecidos: Three Mile Island (EUA, 1979), Chernobyl (Ucrânia, 1986), Fukushima (Japão, 2011)

maiores produtores de energia atômica em 2011 foram Estados Unidos, França, Rússia, Coreia do Sul e Alemanha

outras formas de produção de energia vêm sendo pesquisadas para substituir a atômica

combustíveis fósseis são os mais usados e 80% da energia vêm dessas fontes

Srdjan Zivulovic/Reuters/Latinstock

Usina termelétrica em Sostanj (Eslovênia), em 2011.

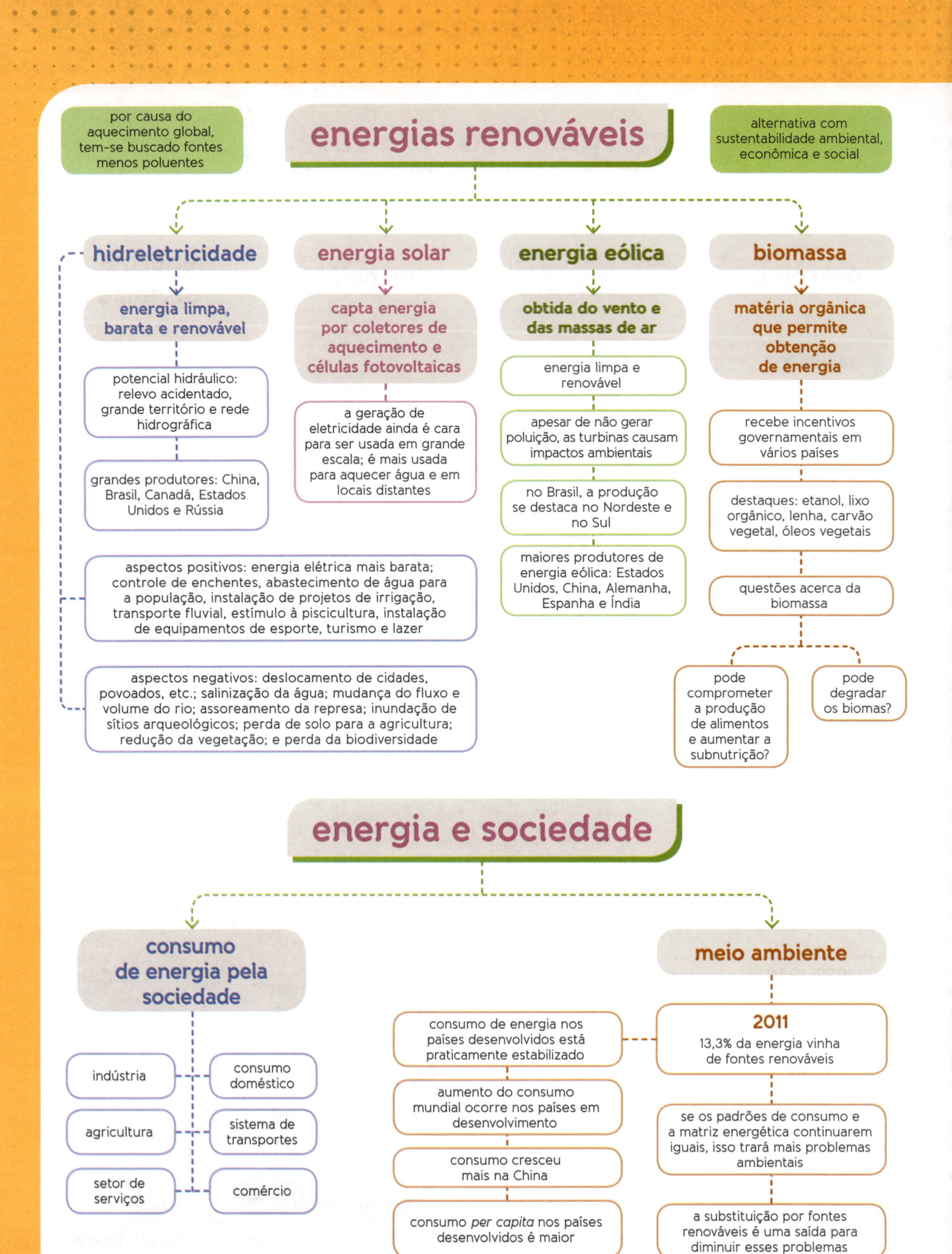

energias renováveis
por causa do aquecimento global, tem-se buscado fontes menos poluentes
alternativa com sustentabilidade ambiental, econômica e social
hidreletricidade
energia limpa, barata e renovável
potencial hidráulico: relevo acidentado, grande território e rede hidrográfica
grandes produtores: China, Brasil, Canadá, Estados Unidos e Rússia
aspectos positivos: energia elétrica mais barata; controle de enchentes, abastecimento de água para a população, instalação de projetos de irrigação, transporte fluvial, estímulo à piscicultura, instalação de equipamentos de esporte, turismo e lazer
aspectos negativos: deslocamento de cidades, povoados, etc.; salinização da água; mudança do fluxo e volume do rio; assoreamento da represa; inundação de sítios arqueológicos; perda de solo para a agricultura; redução da vegetação; e perda da biodiversidade
energia solar
capta energia por coletores de aquecimento e células fotovoltaicas
a geração de eletricidade ainda é cara para ser usada em grande escala; é mais usada para aquecer água e em locais distantes
energia eólica
obtida do vento e das massas de ar
energia limpa e renovável
apesar de não gerar poluição, as turbinas causam impactos ambientais
no Brasil, a produção se destaca no Nordeste e no Sul
maiores produtores de energia eólica: Estados Unidos, China, Alemanha, Espanha e Índia
biomassa
matéria orgânica que permite obtenção de energia
recebe incentivos governamentais em vários países
destaques: etanol, lixo orgânico, lenha, carvão vegetal, óleos vegetais
questões acerca da biomassa
pode comprometer a produção de alimentos e aumentar a subnutrição?
pode degradar os biomas?
energia e sociedade
consumo de energia pela sociedade
indústria
consumo doméstico
agricultura
sistema de transportes
setor de serviços
comércio
meio ambiente
2011
13,3% da energia vinha de fontes renováveis
consumo de energia nos países desenvolvidos está praticamente estabilizado
aumento do consumo mundial ocorre nos países em desenvolvimento
consumo cresceu mais na China
consumo *per capita* nos países desenvolvidos é maior
se os padrões de consumo e a matriz energética continuarem iguais, isso trará mais problemas ambientais
a substituição por fontes renováveis é uma saída para diminuir esses problemas

Exercícios

Testes

1. (Aman-RJ) Sobre as fontes de energia e poluição ambiental, podemos afirmar que:

I. As usinas hidrelétricas utilizam um recurso natural renovável, portanto não provocam impactos ambientais que causam, por exemplo, prejuízos à flora e à fauna.

II. Uma importante vantagem da produção de energia nuclear é a de que suas usinas, mantendo seu funcionamento normal, não lançam partículas poluentes na atmosfera.

III. A queima de combustíveis fósseis, como o carvão mineral, provoca a chuva ácida, polui o ar e destrói vegetação, dentre outros impactos.

IV. A energia eólica é uma fonte de energia ilimitada nos lugares que apresentam as condições adequadas, mas emite poluentes no ar durante a operação.

Assinale a alternativa que apresenta todas as afirmativas corretas:

a) I e II
b) I, II e IV
c) I, III e IV
d) II e III
e) III e IV

2. (Fatec-SP) Um ano depois do terremoto seguido de tsunami que atingiu o Japão em 11 de março de 2011, causando o comprometimento da usina de Fukushima, a energia nuclear voltou a ser debatida pelos cientistas, ecologistas e pela sociedade civil que vêm destacando vantagens e desvantagens deste tipo de energia.
Sobre a energia nuclear é correto afirmar que

a) requer grandes espaços e estoques para seu funcionamento, mas sua tecnologia é barata e acessível a todos os países.
b) provoca grandes impactos sobre a biosfera e necessita de grandes estoques de combustível para produzir energia.
c) é considerada energia limpa e renovável, mas depende da sazonalidade climática e dos efeitos de fenômenos tectônicos.
d) apresenta mínima interferência no efeito estufa, mas um de seus maiores problemas é o destino final do lixo nuclear.
e) consome o urânio, que é considerado abundante em todos os continentes, mas produz gases de enxofre e particulados.

3. (UEPB)

O acidente nuclear do Japão

Existem hoje cerca de 450 reatores nucleares, que produzem aproximadamente 15% da energia elétrica mundial. A maioria deles está nos Estados Unidos, na França, no Japão e nos países da ex-União Soviética. Somente no Japão há 55 deles. A 'idade de ouro' da energia nuclear foi a década de 1970, em que cerca de 30 reatores novos eram postos em funcionamento por ano. A partir da década de 1980, a energia nuclear estagnou após os acidentes nucleares de Three Mile Island, nos Estados Unidos, em 1979, e de Chernobyl, na Ucrânia, em 1986. Uma das razões para essa estagnação foi o aumento do custo dos reatores, provocado pela necessidade de melhorar a sua segurança. [...] Temos agora o terceiro grande acidente nuclear, desta vez no Japão [...]

José Goldemberg. *O Estado de S. Paulo*, 21 de março de 2011. Disponível em: <http://www.estadao.com.br/estadaodehoje/20110321/not_imp694870,0.php>.

A partir do histórico de problemas já causados pelo uso de energia nuclear e mais precisamente com o referido acidente podemos concluir que

I. a polêmica acerca das vantagens e desvantagens, bem como dos riscos de se utilizar reatores nucleares, que estava um tanto esquecida, certamente voltará a ser tema de preocupação e discussão da comunidade internacional.

II. a energia nuclear não é totalmente segura, como afirmavam seus defensores, e mesmo com os investimentos na segurança, é impossível prever toda e qualquer espécie de acidente com reatores.

III. a política nuclear em nada deve ser alterada, pois o aquecimento global justifica sua utilização e ampliação, visto ser menos danosa ao ambiente do que a queima de carvão e petróleo, a qual produz dióxido de carbono, o vilão do efeito estufa.

IV. a reavaliação na escolha da matriz energética é importante para os países que dispõem de outras opções menos perigosas que a energia nuclear para a produção de eletricidade, tais como as energias renováveis, a exemplo da hidrelétrica, da eólica e da energia de biomassa.

Está(ão) correta(s) apenas a(s) proposição(ões):

a) II e IV
b) III
c) IV
d) I, II e IV
e) III e IV

4. (IFSP) Fala-se muito atualmente em geração de energias alternativas para combater a crise ambiental planetária. Buscam-se então energias "limpas", isto é, energias renováveis, menos poluidoras e menos geradoras de impactos socioambientais.
Dentre essas energias alternativas consideradas mais "limpas" podem-se considerar

a) petrolífera e geotérmica.
b) eólica e termonuclear.
c) hidroeletricidade e carvão vegetal.
d) gás natural e carvão mineral.
e) solar e maremotriz (ondas do mar).

5. (Fatec-SP) As fontes de energia que utilizamos são chamadas de renováveis e não renováveis. As renováveis são aquelas que podem ser obtidas por fontes naturais capazes de se recompor com facilidade em pouco tempo, dependendo do material do combustível.
As não renováveis são praticamente impossíveis de se regenerarem em relação à escala de tempo humana. Elas utilizam-se de recursos naturais existentes em quantidades fixas ou que são consumidos mais rapidamente do que a natureza pode produzi-los.
A seguir, temos algumas formas de energia e suas respectivas fontes.

Formas de energia	Fontes
Solar	Sol
Eólica	Ventos
Hidráulica (usina hidrelétrica)	Rios e represas de água doce
Nuclear	Urânio
Térmica	Combustíveis fósseis e carvão mineral
Maremotriz	Marés e ondas do oceano

Assinale a alternativa que apresenta somente as formas de energias renováveis.
a) solar, térmica e nuclear.
b) maremotriz, solar e térmica.
c) hidráulica, maremotriz e solar.
d) eólica, nuclear e maremotriz.
e) hidráulica, térmica e nuclear.

6. (UFPB) Os recursos energéticos utilizados atualmente podem ser classificados de várias formas, sendo usual a distinção baseada na possibilidade de renovação desses recursos (renováveis e não renováveis), numa escala de tempo compatível com a expectativa de vida do ser humano.
Considerando o exposto e o conhecimento sobre o tema abordado, é correto afirmar:
a) O petróleo é uma fonte de energia renovável, pois novas descobertas, a exemplo do petróleo extraído do pré-sal, comprovam que é um recurso permanente e inesgotável.
b) O carvão mineral é uma fonte de energia renovável, pois a utilização de lenha para sua produção pode ser suprida através de projetos de reflorestamento.
c) O gás natural é uma fonte de energia renovável, pois é produzido concomitantemente ao petróleo, através de processos geológicos de duração reduzida, semelhantes à escala de tempo humana.
d) A biomassa é uma fonte de energia renovável, pois é produzida a partir do refino do petróleo, que é um recurso não renovável, mas pode ser reciclado.
e) A energia eólica é uma fonte de energia renovável, pois é produzida a partir do movimento do ar, o que a torna inesgotável.

7. (Fuvest-SP) A questão energética contemporânea, especialmente no que se refere ao uso de combustíveis fósseis, pode ser olhada sob uma perspectiva mais ampla. A vida na Terra tem alguns bilhões de anos. Nossa espécie, que surgiu há cerca de 150 mil anos, produz ferramentas há cerca de 40 mil anos, usa carvão mineral há cerca de 300 anos e petróleo há cerca de 100 anos. Esses recursos energéticos, devido à longa deposição de organismos, encontram-se em diversas regiões, algumas delas hoje desérticas. O consumo combinado atual desses combustíveis, sobretudo na indústria e nos transportes, equivale a uma queima da ordem de 100 milhões de barris de petróleo por dia, fato que preocupa pelo aumento, na atmosfera, de gases responsáveis pelo efeito estufa.
Da leitura desse texto, é correto afirmar que
a) há regiões desérticas que podem já ter sido oceanos, das quais extraímos hoje o que aí foi produzido muito antes da existência humana.
b) sendo os combustíveis fósseis gerados em processo contínuo, os mesmos poderiam ser utilizados indefinidamente, não fosse o aumento do efeito estufa.
c) o consumo atual de combustíveis fósseis na indústria e nos transportes é reposto pela deposição diária de biomassa fóssil.
d) os seres humanos, nos últimos 100 anos, são responsáveis por boa parte da geração de combustíveis fósseis, a partir da biomassa disponível.
e) o que era carvão mineral, em passado remoto, transformou-se em petróleo nos períodos recentes.

Questão

8. (UFJF-MG) A economia mundial é fortemente dependente de fontes de energia não renováveis.
a) Cerca de 80% de toda a energia do planeta vem das reservas de: ______________________.
b) A exploração e o uso de fontes não renováveis provocam grandes danos ao meio ambiente. Cite e explique um impacto provocado pelo uso de fontes não renováveis de energia.
c) As fontes renováveis de energia também têm limitações na sua exploração. Cite e explique por que uma das fontes alternativas de energia não pode ser utilizada em todos os lugares.

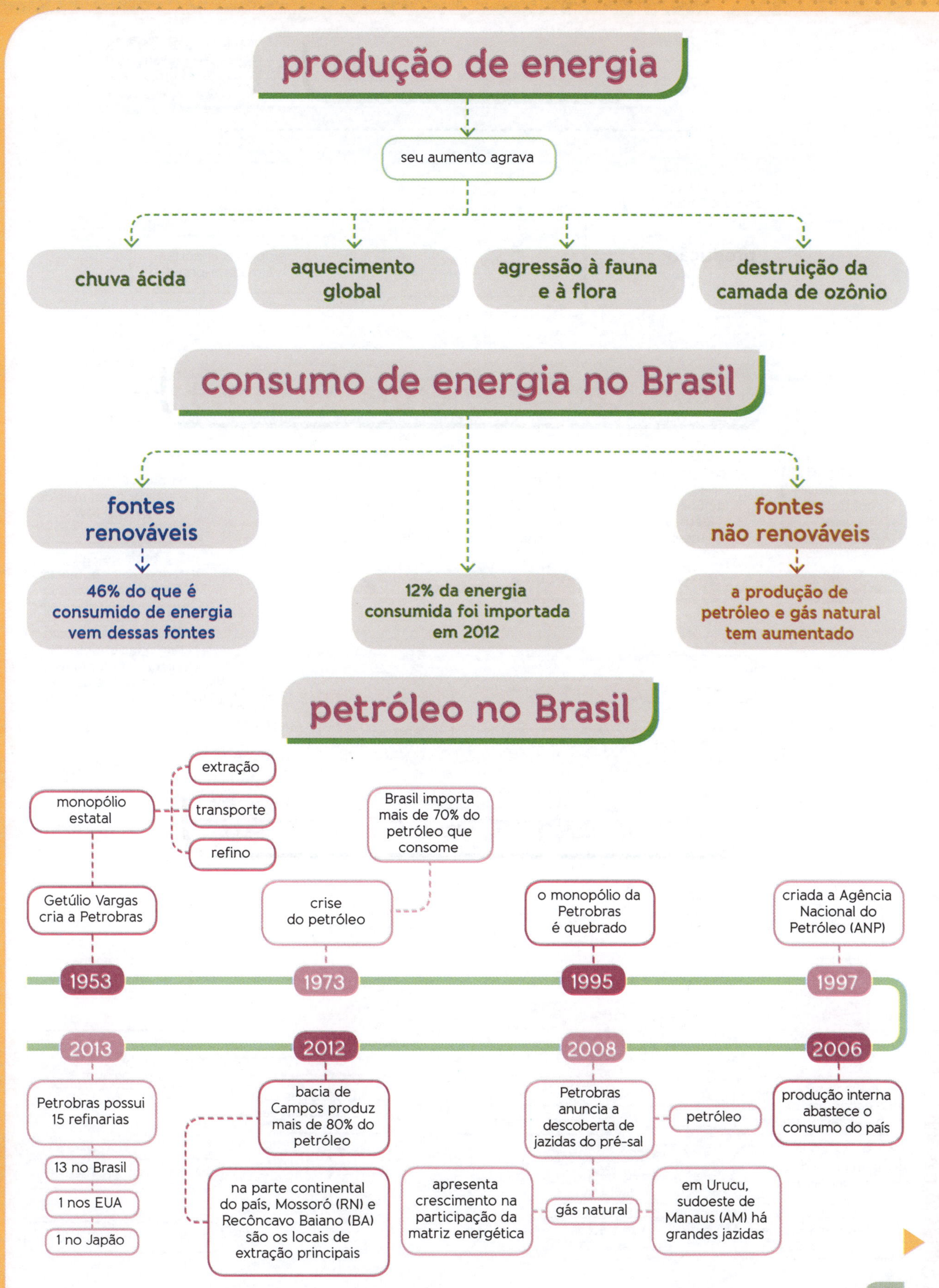

produção de energia
seu aumento agrava
chuva ácida
aquecimento global
agressão à fauna e à flora
destruição da camada de ozônio
consumo de energia no Brasil
fontes renováveis
46% do que é consumido de energia vem dessas fontes
12% da energia consumida foi importada em 2012
fontes não renováveis
a produção de petróleo e gás natural tem aumentado
petróleo no Brasil
monopólio estatal
extração
transporte
refino
Getúlio Vargas cria a Petrobras
1953
crise do petróleo
Brasil importa mais de 70% do petróleo que consome
1973
o monopólio da Petrobras é quebrado
1995
criada a Agência Nacional do Petróleo (ANP)
1997
2006
produção interna abastece o consumo do país
2008
Petrobras anuncia a descoberta de jazidas do pré-sal
petróleo
gás natural
apresenta crescimento na participação da matriz energética
em Urucu, sudoeste de Manaus (AM) há grandes jazidas
2012
bacia de Campos produz mais de 80% do petróleo
na parte continental do país, Mossoró (RN) e Recôncavo Baiano (BA) são os locais de extração principais
2013
Petrobras possui 15 refinarias
13 no Brasil
1 nos EUA
1 no Japão

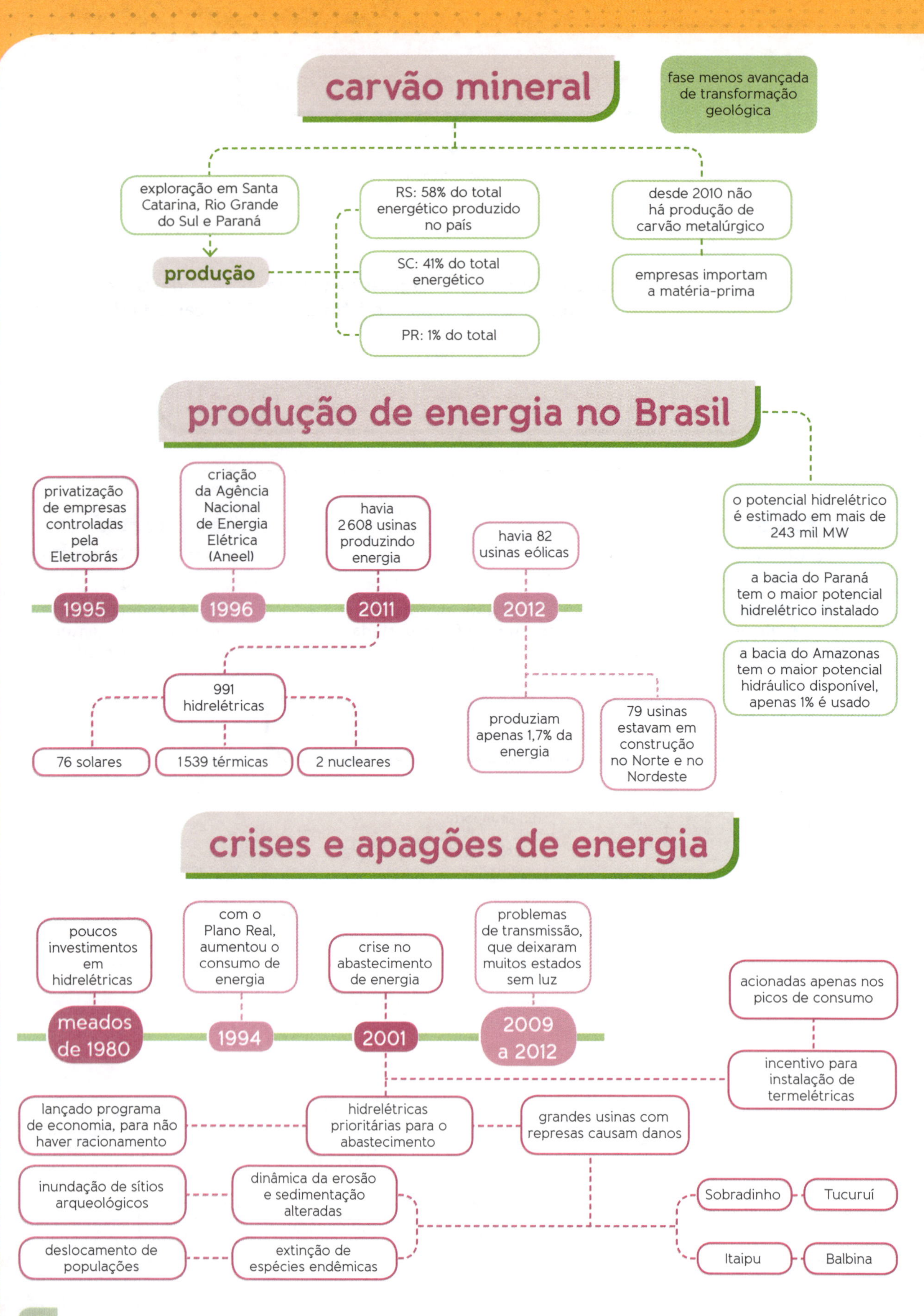
carvão mineral
fase menos avançada de transformação geológica
exploração em Santa Catarina, Rio Grande do Sul e Paraná
produção
RS: 58% do total energético produzido no país
SC: 41% do total energético
PR: 1% do total
desde 2010 não há produção de carvão metalúrgico
empresas importam a matéria-prima
produção de energia no Brasil
privatização de empresas controladas pela Eletrobrás
1995
criação da Agência Nacional de Energia Elétrica (Aneel)
1996
havia 2 608 usinas produzindo energia
2011
991 hidrelétricas
76 solares
1 539 térmicas
2 nucleares
havia 82 usinas eólicas
2012
produziam apenas 1,7% da energia
79 usinas estavam em construção no Norte e no Nordeste
o potencial hidrelétrico é estimado em mais de 243 mil MW
a bacia do Paraná tem o maior potencial hidrelétrico instalado
a bacia do Amazonas tem o maior potencial hidráulico disponível, apenas 1% é usado
crises e apagões de energia
poucos investimentos em hidrelétricas
meados de 1980
com o Plano Real, aumentou o consumo de energia
1994
crise no abastecimento de energia
2001
problemas de transmissão, que deixaram muitos estados sem luz
2009 a 2012
acionadas apenas nos picos de consumo
incentivo para instalação de termelétricas
lançado programa de economia, para não haver racionamento
hidrelétricas prioritárias para o abastecimento
grandes usinas com represas causam danos
inundação de sítios arqueológicos
dinâmica da erosão e sedimentação alteradas
deslocamento de populações
extinção de espécies endêmicas
Sobradinho
Tucuruí
Itaipu
Balbina

programa nuclear brasileiro

1969
início do programa e Brasil adquire Angra I

1975
assinado acordo com a Alemanha

1983-2001
Angra II deveria ficar pronta em 1983, mas ficou pronta em 2001

2011
as usinas respondem por 2,7% da produção

crise de abastecimento de 2001 + redução dos custos de produção + compromissos no Acordo de Kyoto = governo brasileiro coloca como estratégia a expansão da energia nuclear

biocombustíveis

derivados de biomassa

madeira

cana-de-açúcar

etanol

1975
criado o Programa Nacional do Álcool (Proálcool)

empréstimos aos grandes produtores para a construção de usinas

locais com o programa tiveram problemas relacionados à concentração de terras

1989
crise do setor leva à importação do produto da Europa

2002
surgem os carros com motor “flex” e o consumo de álcool aumenta

etanol é misturado à gasolina na proporção 20% a 25%

2012
90% dos carros vendidos são “flex”

oleaginosas

biodiesel

várias espécies que podem ser usadas para a produção

EUA usam o milho, mas a produção é mais cara

2013
80% vieram da soja e 13%, do sebo bovino

parte é exportada para a UE

2012 segunda fonte mais consumida de energia

gera preocupação com a produção de alimentos, pois ocupa áreas de outros cultivos

o aumento do consumo

- reduz o uso de derivados do petróleo
- reduz a poluição atmosférica
- gera empregos
- fixa as famílias no campo
- contribui para o uso de fontes renováveis
- favorece a exportação

transporte de cargas

predomínio do rodoviário

tem como vantagem a mobilidade e deve ser usado para curtas distâncias

2013 o transporte rodoviário foi responsável por 61,1% das cargas

consumo de 1 tonelada em 1000 km

5 litros de combustível no hidroviário

10 litros no ferroviário

96 litros no rodoviário

maior consumo deixa o frete mais caro, emite-se mais poluentes, há mais riscos de acidentes e congestionamentos nas estradas, zonas portuárias e cidades

a Agência Nacional de Transportes Terrestres (ANTT) e a Agência Nacional de Transportes Aquaviários (Antaq) fazem a fiscalização

com o fim do regime militar (1985) e o início de privatizações e concessões (1996), os investimentos deixaram de se concentrar em rodovias

Composição ferroviária transportando combustível em Itaara (RS), 2010.

Gerson Gerloff/Pulsar Imagens

Exercícios

Testes

1. (UERJ)

A partir de 2007, quando se anunciou a descoberta de grandes reservas do chamado "pré-sal", o governo brasileiro passou a defender novas regras para a exploração de petróleo no país. O pré-sal corresponde à camada de rocha que contém petróleo e que está localizada abaixo de uma espessa camada de sal. A Petrobras estima que no pré-sal brasileiro haja reservas em torno de 70 bilhões a 100 bilhões de barris de petróleo. Em agosto de 2009, o ex-presidente Lula apresentou projetos para mudanças no setor petrolífero, sendo um deles a redistribuição dos royalties*. No ano de 2011, por exemplo, os* royalties *somaram R$ 25,6 bilhões.*

Adaptado de: <bbc.co.uk>. Acesso em: dez. 2012.

A disputa pela redistribuição dos *royalties* do petróleo entre estados e municípios brasileiros se acirrou no final de 2012, em função de novas regras para o setor votadas no Congresso Nacional.

Essa disputa decorre diretamente da característica político-econômica do país indicada em:

a) controle da União sobre a regulação do acesso às riquezas hidrominerais

b) dependência de capitais estrangeiros no fornecimento de matérias-primas

c) monopólio da legislação federal sobre os insumos para a indústria de base

d) adequação dos padrões tecnológicos na preservação dos recursos ambientais

2. (UFG-GO) A tecnologia dos sonares possibilita o conhecimento do relevo submarino. No Brasil, considerando-se a exploração econômica do petróleo na camada geológica denominada "pré-sal", o relevo submarino predominante corresponde a áreas de

a) elevações fraturadas, formando dorsais, com profundidade variando entre 1 800 e 3 000 m.

b) elevações longas e contínuas, com escarpamentos ladeados por planícies.

c) continuidade continental, relativamente plana, com profundidades que não ultrapassam 200 m.

d) continuidade da margem continental, profunda, com lâmina d'água com mais de 2 000 m.

e) depressões alongadas e estreitas, com laterais de altas declividades, presentes em zonas de subducção.

3. (Fuvest-SP) Observe os mapas.

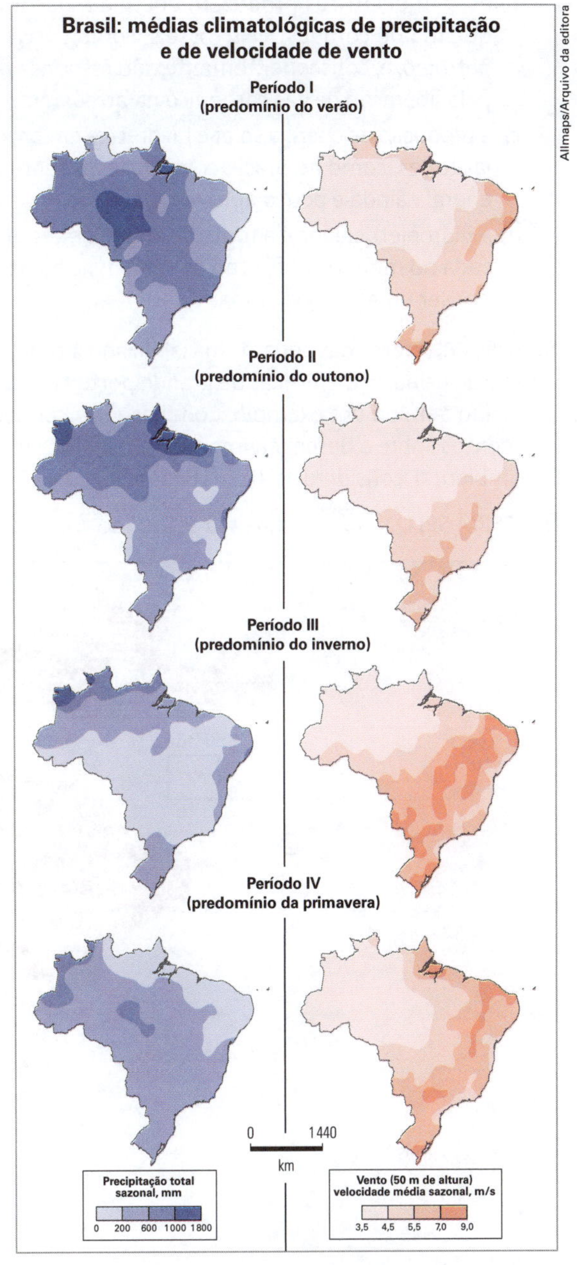

Adaptado de: Ministério de Minas e Energia, 2001.

Os períodos do ano que oferecem as melhores condições para a produção de energia hidrelétrica no Sudeste e energia eólica no Nordeste são aqueles em que predominam, nessas regiões, respectivamente,

a) primavera e verão.

b) verão e outono.

c) outono e inverno.

d) verão e inverno.

e) inverno e primavera.

4. (UFSJ-MG) Sobre as fontes de energia, é INCORRETO afirmar que

a) a energia nuclear possui a vantagem de não liberar gases que potencializam o efeito estufa, uma vez que o vapor que movimenta as turbinas é vapor d'água.

b) as termoelétricas produzem energia a partir da queima de combustíveis fósseis, como carvão e petróleo, e, consequentemente, são responsáveis pela liberação de gás carbônico na atmosfera.

c) a produção de energia solar é favorecida em baixas latitudes, como no Brasil; contudo, essa fonte de energia ainda é pouco aproveitada.

d) a hidroeletricidade é a fonte de energia mais utilizada no mundo em função de ser a mais barata e por ser uma energia limpa.

5. (UEL-PR) A força das águas tem viabilizado a construção de usinas hidrelétricas de grande porte no Brasil, sendo a Itaipu um exemplo. Com base nos conhecimentos sobre o desenvolvimento e a questão socioambiental, considere as afirmativas a seguir.

I. A retirada das populações das áreas atingidas por construção de hidrelétricas tem produzido impactos sociais, como o desenraizamento cultural.

II. Itaipu é um exemplo da prioridade dada à preservação dos *habitats* naturais no projeto nacional-desenvolvimentista defendido pelos militares pós-64.

III. As incertezas sobre os impactos ambientais com a construção de usinas hidrelétricas trouxeram, por desdobramento, a formação de movimentos dos atingidos pelas barragens.

IV. A construção de hidrelétricas liga-se, também, à preocupação com a crise energética mundial prevista para as próximas décadas.

Assinale a alternativa correta.

a) Somente as afirmativas I e II são corretas.

b) Somente as afirmativas II e IV são corretas.

c) Somente as afirmativas III e IV são corretas.

d) Somente as afirmativas I, II e III são corretas.

e) Somente as afirmativas I, III e IV são corretas.

6. (ESPM-SP) O mapa abaixo está associado aos (às):

Recursos Minerais Energéticos, 2003. Disponível em: <http://www.cprm.gov.br/publique/media/capX_a.pdf>. Acesso em: 11 ago. 2014.

a) Principais polos industriais brasileiros.

b) Principais bacias produtoras de petróleo e gás.

c) Áreas de extração de minério de ferro.

d) Escudos cristalinos ricos em petróleo e gás.

e) Principais bacias hidrográficas e as respectivas áreas de abastecimento hídrico.

7. (UFPB) A seleção dos locais para implementação de usinas hidrelétricas leva em consideração, entre outros fatores, a demanda por energia e a topografia do relevo da região.

Considerando o exposto e a literatura sobre a produção de energia hidrelétrica no Brasil, identifique as afirmativas corretas:

( ) A bacia hidrográfica do rio Amazonas, apesar da enorme malha hidrográfica, sofre restrições à implantação de usinas hidrelétricas, devido às suas características topográficas, as quais exigem o alagamento de extensas áreas florestadas.

( ) A bacia hidrográfica do rio Uruguai apresenta o maior potencial hidrelétrico do país, porém não é aproveitada em toda a sua potencialidade, tendo em vista as dificuldades naturais (relevo plano) e econômicas (baixo índice de desenvolvimento) da região.

( ) A bacia hidrográfica do rio Paraná é a que apresenta o maior potencial hidrelétrico em operação no país, tendo em vista as condições naturais e econômicas da região.

( ) A bacia hidrográfica do rio São Francisco apresenta alto potencial hidrelétrico aproveitado, pois seu relevo propicia a construção de usinas hidrelétricas e há significativa demanda de energia no Nordeste.

( ) A bacia hidrográfica do rio Tocantins apresenta grande potencial hidrelétrico instalado, pois possui rios caudalosos que percorrem extensas planícies e sua região apresenta grande demanda de energia, devido ao seu parque industrial.

8. (UEPA) O uso de energia e de tecnologias modernas de uso final levou a mudanças qualitativas na vida humana, proporcionando tanto o aumento da produtividade econômica quanto do bem-estar da população. No entanto, para que tal se concretize tem que ser observado de que forma o homem se apropria dos recursos naturais geradores de energia para que essa apropriação não se transforme em um ato de violência socioambiental. Nesse contexto é verdadeiro afirmar que:

a) no Brasil são modestos os recursos naturais que podem ser apropriados para o fornecimento de energia, principalmente a água, por isso a matriz energética brasileira é a termoeletricidade, considerada uma forma limpa e não agressora ao meio ambiente.

b) historicamente, o Brasil procurou depender de recursos energéticos não agressivos ao meio ambiente, a exemplo do urânio que é beneficiado para fins de produção de energia atômica de uso doméstico. Este tipo de energia é produzido nas usinas de Angra I e II no Rio de Janeiro.

c) o uso de combustíveis fósseis no fornecimento de energia, a exemplo do petróleo, tem aumentado no país devido principalmente ao crescimento da frota de carros e à diminuição significativa da produção de etanol obtido da cana-de-açúcar. Este último fato tem estreita relação com a dizimação de canaviais no Nordeste brasileiro devido à propagação de pragas agrícolas.

d) a região Amazônica vive atualmente a eminência da construção da usina hidrelétrica de Belo Monte, no Rio Xingu. Impactos ambientais são de várias ordens e têm sido motivo de muitas discussões, a exemplo da redução da vazão do rio, do processo de desterritorialização de vários grupos indígenas e de perdas de parte da floresta e de sua biodiversidade. Se o cenário da hidrelétrica de Tucuruí agregou violações de direito e desastre ambientais, em Belo Monte não será diferente.

e) apesar de ser comum a presença de problemas ambientais e sociais em construções de hidrelétricas, a de Tucuruí (Rio Tocantins) representou uma exceção, pois raros foram os problemas causados com a sua construção. O único a acontecer esteve ligado à saúde das mulheres, uma vez que sua construção estimulou a imigração, a urbanização da região, e o nível de doenças sexualmente transmissíveis aumentaram, especialmente a Aids.

Questões

9. (Unesp-SP)

Em 2004, o Governo Federal lançou o Programa de Incentivo às Fontes Alternativas de Energia Elétrica (Proinfa), que tem por objetivo promover a diversificação da matriz energética brasileira, buscando alternativas às usinas hidrelétricas com grandes reservatórios e às termonucleares, para aumentar a segurança no abastecimento de energia elétrica, além de permitir a valorização das características e potencialidades regionais e locais.

Adaptado de: <www.mme.gov.br>. Acesso em: 11 ago. 2014.

Indique duas fontes alternativas de energia elétrica que podem ser encontradas no território brasileiro e mencione dois benefícios oferecidos pelo uso delas.

10. (UFBA)

O Brasil, por sua grandeza territorial, possui uma diversidade geográfica e climática significativa. A latitude, o relevo, as bacias hidrográficas, as características do solo, entre outros fatores, criam uma série de possibilidades, entre outras coisas, para o planejamento energético da matriz brasileira. Sendo bem exploradas, essas características singulares podem fazer do Brasil um país independente das energias fósseis a longo prazo. Através do investimento tecnológico e em infraestrutura, é possível utilizarmos fontes renováveis como a biomassa (etanol e biodiesel), eólica, solar e hidrelétrica.

[...] *Finalmente, a natureza oferece as condições ou cria as dificuldades que, na verdade, podem ser oportunidades para o crescimento e desenvolvimento do país.*

WALTZ, 2010, p. 31.

Com base no texto e nos conhecimentos sobre a matriz energética brasileira, uma das mais equilibradas entre as grandes nações,

a) justifique a recente expansão hidrelétrica da Região Norte e cite **dois exemplos** do atual aproveitamento da Bacia Amazônica;

b) destaque **duas características naturais** do Nordeste brasileiro, que podem ser aproveitadas para geração de energia alternativa e limpa;

c) indique **duas características ambientais** da Bacia Hidrográfica do Paraná.

CARACTERÍSTICAS E CRESCIMENTO DA POPULAÇÃO MUNDIAL

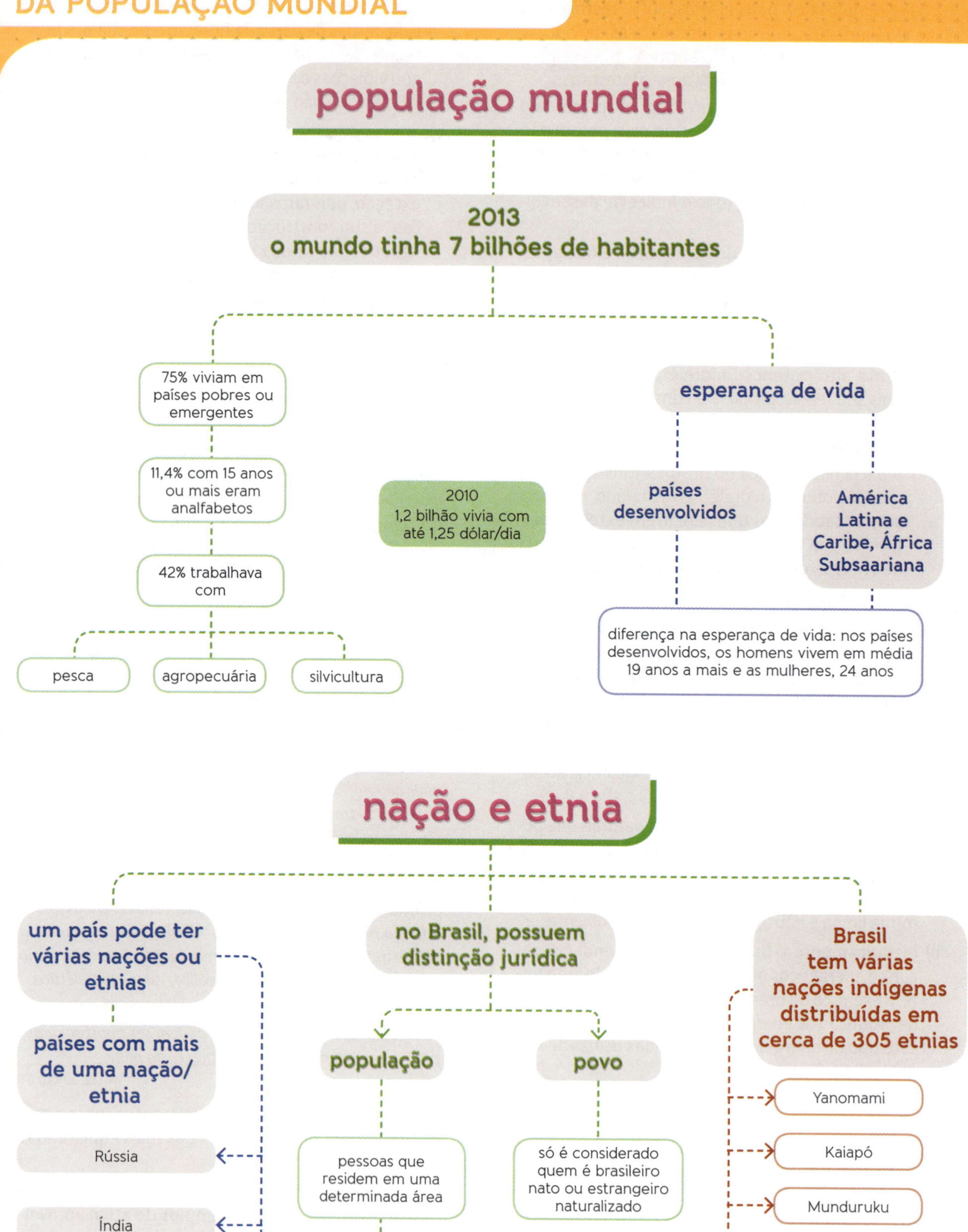

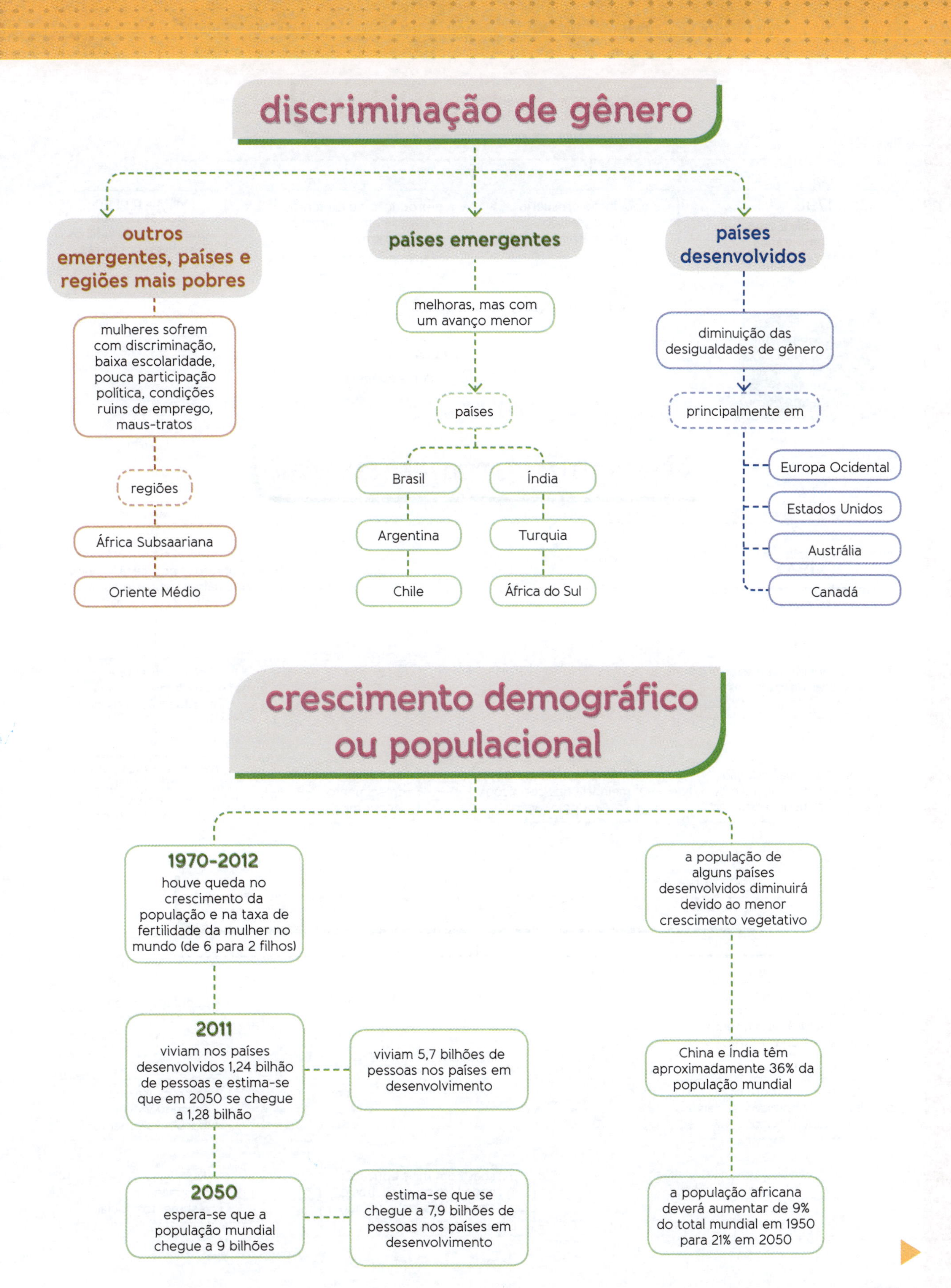

discriminação de gênero
outros emergentes, países e regiões mais pobres
mulheres sofrem com discriminação, baixa escolaridade, pouca participação política, condições ruins de emprego, maus-tratos
regiões
África Subsaariana
Oriente Médio
países emergentes
melhoras, mas com um avanço menor
países
Brasil
Argentina
Chile
Índia
Turquia
África do Sul
países desenvolvidos
diminuição das desigualdades de gênero
principalmente em
Europa Ocidental
Estados Unidos
Austrália
Canadá
crescimento demográfico ou populacional
1970-2012
houve queda no crescimento da população e na taxa de fertilidade da mulher no mundo (de 6 para 2 filhos)
2011
viviam nos países desenvolvidos 1,24 bilhão de pessoas e estima-se que em 2050 se chegue a 1,28 bilhão
viviam 5,7 bilhões de pessoas nos países em desenvolvimento
2050
espera-se que a população mundial chegue a 9 bilhões
estima-se que se chegue a 7,9 bilhões de pessoas nos países em desenvolvimento
a população de alguns países desenvolvidos diminuirá devido ao menor crescimento vegetativo
China e Índia têm aproximadamente 36% da população mundial
a população africana deverá aumentar de 9% do total mundial em 1950 para 21% em 2050

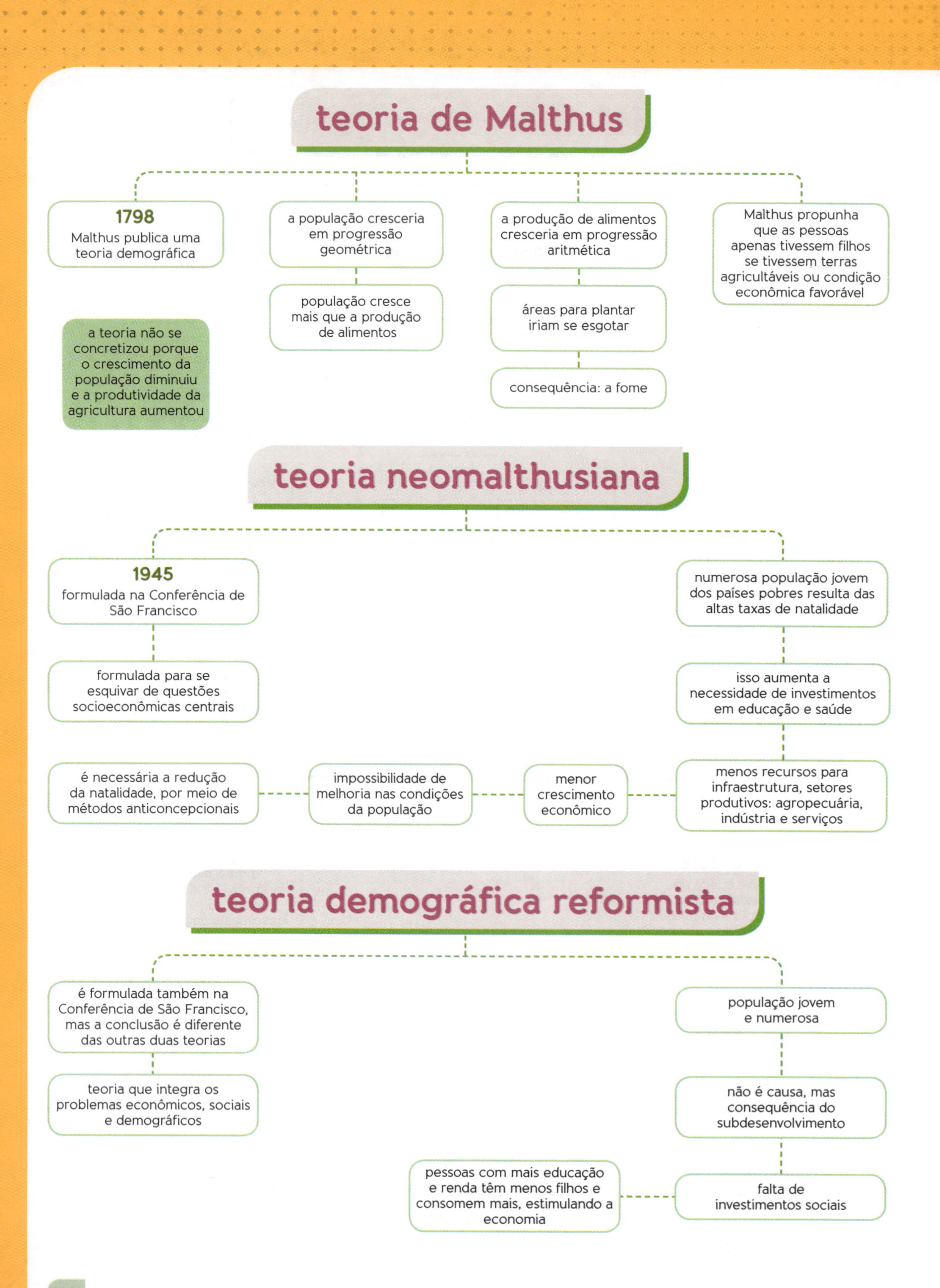
teoria de Malthus
1798
Malthus publica uma teoria demográfica
a teoria não se concretizou porque o crescimento da população diminuiu e a produtividade da agricultura aumentou
a população cresceria em progressão geométrica
população cresce mais que a produção de alimentos
a produção de alimentos cresceria em progressão aritmética
áreas para plantar iriam se esgotar
consequência: a fome
Malthus propunha que as pessoas apenas tivessem filhos se tivessem terras agricultáveis ou condição econômica favorável
teoria neomalthusiana
1945
formulada na Conferência de São Francisco
formulada para se esquivar de questões socioeconômicas centrais
numerosa população jovem dos países pobres resulta das altas taxas de natalidade
isso aumenta a necessidade de investimentos em educação e saúde
menos recursos para infraestrutura, setores produtivos: agropecuária, indústria e serviços
menor crescimento econômico
impossibilidade de melhoria nas condições da população
é necessária a redução da natalidade, por meio de métodos anticoncepcionais
teoria demográfica reformista
é formulada também na Conferência de São Francisco, mas a conclusão é diferente das outras duas teorias
teoria que integra os problemas econômicos, sociais e demográficos
população jovem e numerosa
não é causa, mas consequência do subdesenvolvimento
falta de investimentos sociais
pessoas com mais educação e renda têm menos filhos e consomem mais, estimulando a economia

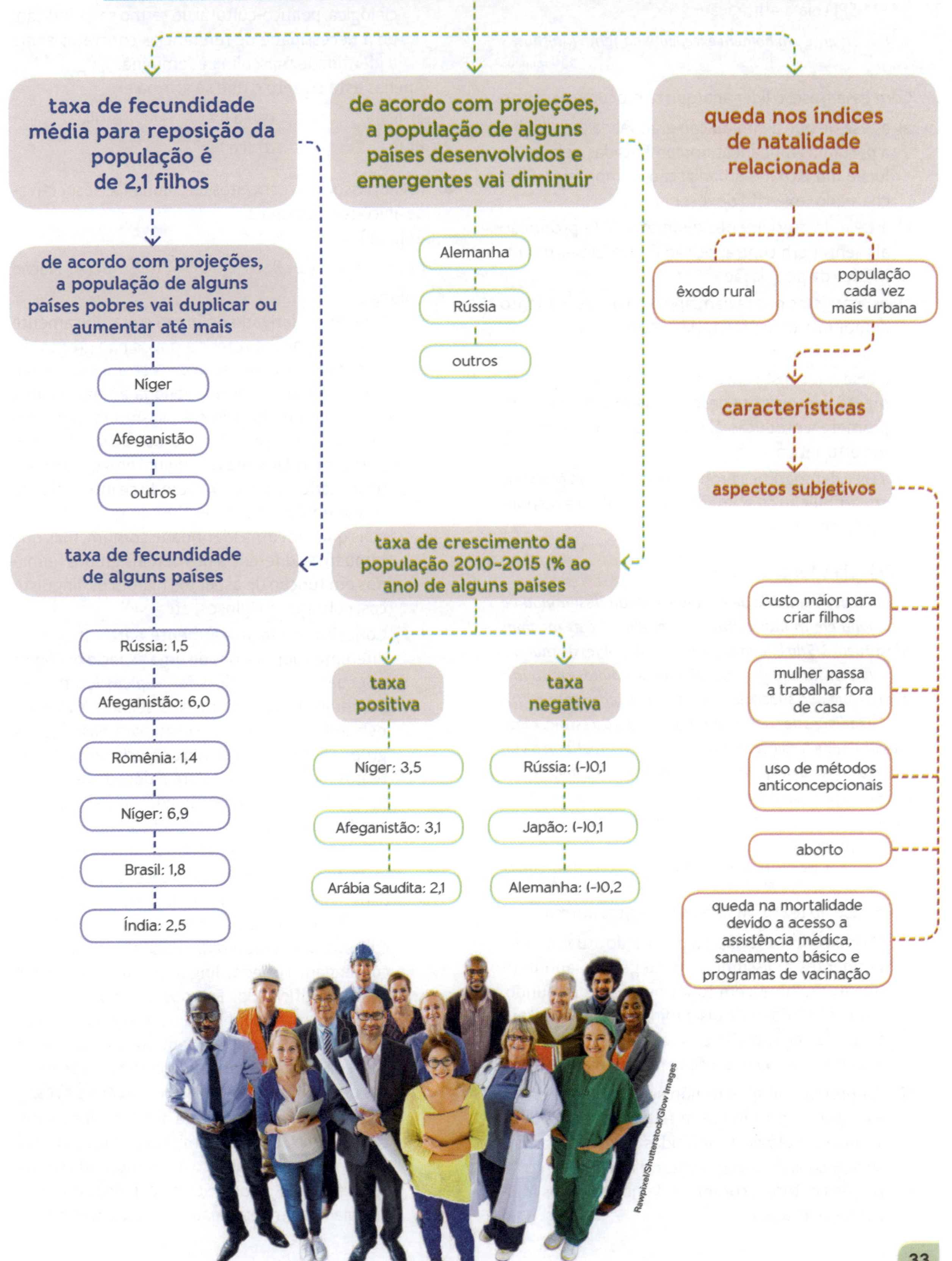
índices de crescimento populacional
taxa de fecundidade média para reposição da população é de 2,1 filhos
de acordo com projeções, a população de alguns países pobres vai duplicar ou aumentar até mais
Níger
Afeganistão
outros
taxa de fecundidade de alguns países
Rússia: 1,5
Afeganistão: 6,0
Romênia: 1,4
Níger: 6,9
Brasil: 1,8
Índia: 2,5
de acordo com projeções, a população de alguns países desenvolvidos e emergentes vai diminuir
Alemanha
Rússia
outros
taxa de crescimento da população 2010-2015 (% ao ano) de alguns países
taxa positiva
Níger: 3,5
Afeganistão: 3,1
Arábia Saudita: 2,1
taxa negativa
Rússia: (-)0,1
Japão: (-)0,1
Alemanha: (-)0,2
queda nos índices de natalidade relacionada a
êxodo rural
população cada vez mais urbana
características
aspectos subjetivos
custo maior para criar filhos
mulher passa a trabalhar fora de casa
uso de métodos anticoncepcionais
aborto
queda na mortalidade devido a acesso a assistência médica, saneamento básico e programas de vacinação
Rawpixel/Shutterstock/Glow Images

Exercícios

Testes

1. (ESPM-SP) Leia a afirmação:

Há somente um homem excedente na Terra: Malthus.

P. J. Proudhon

Com essa frase, o líder anarquista procurava criticar:

a) a tese de que a diminuição gradual da população, a partir das mudanças implementadas pela Revolução Industrial e urbanização, comprometeria o chamado "exército de reserva".

b) a tese do crescimento geométrico da produção alimentar em contraposição ao crescimento aritmético da população.

c) os marxistas que faziam apologia do crescimento demográfico do proletariado como estratégia revolucionária.

d) a tese reformista em não reconhecer que o crescimento demográfico descontrolado supera e compromete a produção alimentar que cresce em ritmo aritmético.

e) a tese demográfica proposta por Thomas Malthus em atribuir ao crescimento demográfico a responsabilidade pelas mazelas sociais.

2. (UPE) Leia o texto a seguir.

(...) *a desigualdade de gênero continua disseminada e arraigada em muitas culturas. As mulheres e as meninas constituem 3/5 do bilhão de pessoas mais pobres do mundo; as mulheres são 2/3 dos 960 milhões de adultos em todo o mundo que não sabem ler, e as meninas representam 70% dos 130 milhões de crianças que não vão para a escola. Algumas normas e tradições culturais e sociais perpetuam a violência associada ao gênero e tanto os homens como as mulheres podem aprender a fazer "vista grossa" ou aceitar a situação. De fato as mulheres podem defender a estrutura que as oprime.*

Adaptado de: Fundo da População das Nações Unidas (UNFPA). *Relatório sobre a situação da população mundial*, 2008.

Com base no texto, analise as seguintes afirmativas:

I. Os indicadores sociais da população atual, correspondentes à discriminação de gênero, apontam que as mulheres, em todos os países do mundo, ainda são vítimas de discriminação e apresentam taxas de participação política e equidade salarial superiores às da população masculina.

II. A opressão de gênero não se origina em bases estruturais, pois mantém relação direta com as variáveis biológicas, definidas de acordo com o sexo, e considera que homem e mulher são construções naturais, conforme demonstram os índices demográficos.

III. As estatísticas demográficas oficiais compreendem gênero como uma construção relacional sociológica, político-cultural do termo sexo, indicando a necessidade de referências concretas sobre a identidade masculina e feminina.

Apenas está correto o que se afirma em

a) I.
b) II.
c) I e II.
d) II e III.
e) III.

3. (UEPB) Associe os conceitos da coluna 1 às respectivas definições na coluna 2

Coluna 1

(1) Povo (2) Raça (3) Etnia (4) Nação

Coluna 2

( ) O termo é derivado do grego e era tipicamente utilizado para se referir a povos não gregos. Tinha também conotação de "estrangeiro". A palavra deixou de ser relacionada ao paganismo, significado dado pelo catolicismo romano, em princípios do século XVIII. O uso do sentido moderno, mais próximo do original grego, começou na metade do século XX, tendo se intensificado desde então, com o sentido de grupo de pessoas que tem uma identidade comum, mas que também se diferencia dos demais grupos humanos em função de aspectos históricos, linguísticos, culturais, religiosos, etc.

( ) Conceito usado vulgarmente para categorizar diferentes populações de uma espécie biológica por suas características fenotípicas (ou físicas). Foi muito utilizado entre os séculos XVII e XX pela antropologia, que o usou para classificar os grupos humanos. O termo aparecia normalmente nos livros científicos até a década de 1970; a partir de então, começou a desaparecer e a ser cientificamente questionável e pouco utilizado pelo caráter discriminatório do qual é portador.

( ) Ideia que surgiu na história recente da humanidade e que, embora seja muito associada à constituição de um Estado, tem, de fato, conotação cultural, pois se refere à soma das pessoas que comungam a origem, língua e história comum. A criação artificial dos Estados modernos não fez desaparecer as identidades e os sentimentos de pertencimentos com tal sentido, que ganharam força na última década do século XX e são motivos de conflitos separatistas em vários países.

( ) Termo pode ter significados distintos que variam conforme seu emprego em épocas distintas, mas, do ponto de vista jurídico moderno, pode ser entendido como o conjunto de cidadãos que está vinculado a um regime jurídico e a um Estado.

Assinale a alternativa que traz a sequência correta da enumeração da coluna 2.

a) 3 – 4 – 1 – 2.
b) 3 – 2 – 4 – 1.
c) 2 – 1 – 3 – 4.
d) 4 – 2 – 1 – 3.
e) 1 – 2 – 4 – 3.

4. (Aman-RJ)

(...) *uma população jovem e numerosa, em virtude de elevadas taxas de natalidade, não é causa, mas consequência do subdesenvolvimento.* (...) *Foi constatado que quanto maior a escolaridade da mulher, menor é o número de filhos e a taxa de mortalidade infantil.*

Disponível em: <http://www.brasilescola.com>. Acesso em: 11 ago. 2014.

O trecho acima reflete aspectos defendidos pela teoria

a) Reformista.
b) Malthusiana.
c) Neomalthusiana.
d) Ecomalthusiana.
e) da Explosão Demográfica.

5. (UFU-MG) O crescimento demográfico durante séculos foi motivo de indagações e teorias que buscavam explicar os motivos que levam determinada população a aumentar, estabilizar ou, até mesmo, diminuir o número de indivíduos. Nesse sentido, foi formulada em 1929 a teoria da transição demográfica, que defende a ideia de que a população tende a estabilizar seu crescimento a partir do equilíbrio entre as taxas de natalidade e mortalidade.

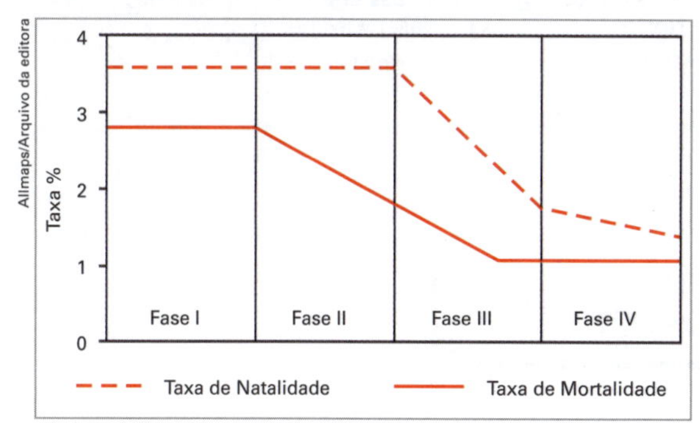

Analise as informações acima e, em seguida, assinale a alternativa **incorreta**.

a) Na fase II, o crescimento vegetativo tende a aumentar, pois as taxas de natalidade mantêm-se elevadas enquanto ocorre uma queda significativa na taxa de mortalidade.
b) Na fase I, o crescimento vegetativo é muito elevado devido à ocorrência de altas taxas de natalidade e mortalidade.
c) Na fase III, o crescimento vegetativo desacelera, pois ocorre diminuição na taxa de natalidade e estabilização na taxa de mortalidade.
d) Na fase IV, o crescimento vegetativo tende a se estabilizar devido à aproximação da taxa de natalidade e de mortalidade.

6. (Unesp-SP) Analise o gráfico sobre a evolução ocorrida e a perspectiva de crescimento da população mundial no período de 1950 a 2050.

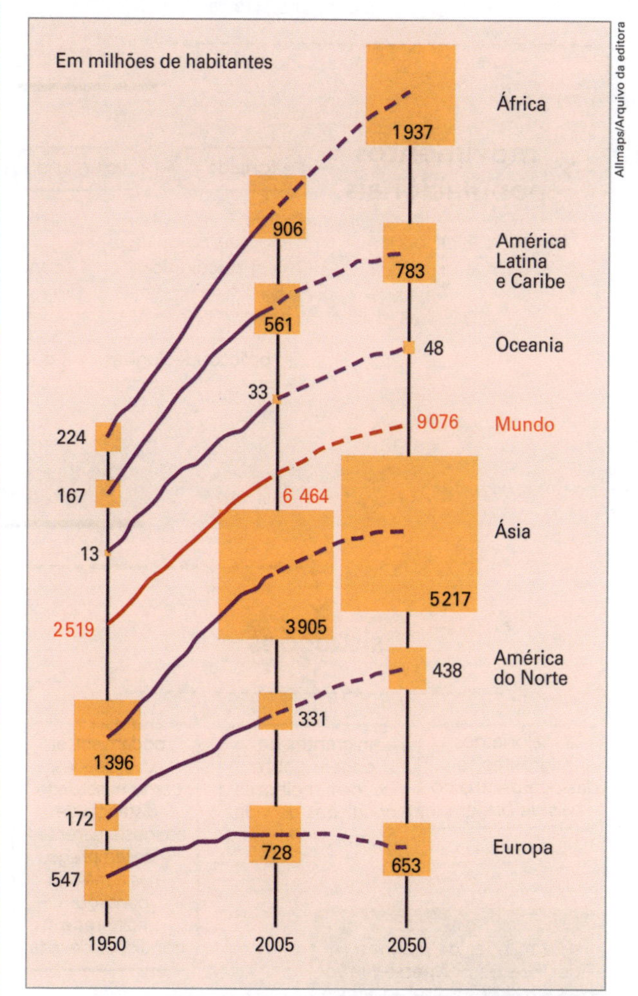

Adaptado de: Marie-Françoise Durand et al. *Atlas da mundialização*: compreender o espaço mundial contemporâneo, 2009.

A partir da análise do gráfico, pode-se afirmar que

a) a população da América do Norte apresenta um expressivo crescimento populacional no período de 1950 a 2050, superando a taxa de crescimento da África.
b) a Ásia apresenta o maior total absoluto da população mundial, mas perde para a Oceania no ritmo do crescimento populacional em termos relativos, em todo o período analisado.
c) a Europa, no período de 2005 a 2050, projeta um crescimento negativo, com índices que mostram uma redução populacional.
d) a África apresenta o menor crescimento em termos absolutos no período de 1950 a 2050, perdendo sua posição de segunda colocada entre as regiões mais populosas do mundo.
e) a América do Norte apresenta o maior crescimento populacional em termos absolutos no período de 1950 a 2050 e é mais populosa do que a América Latina e Caribe.

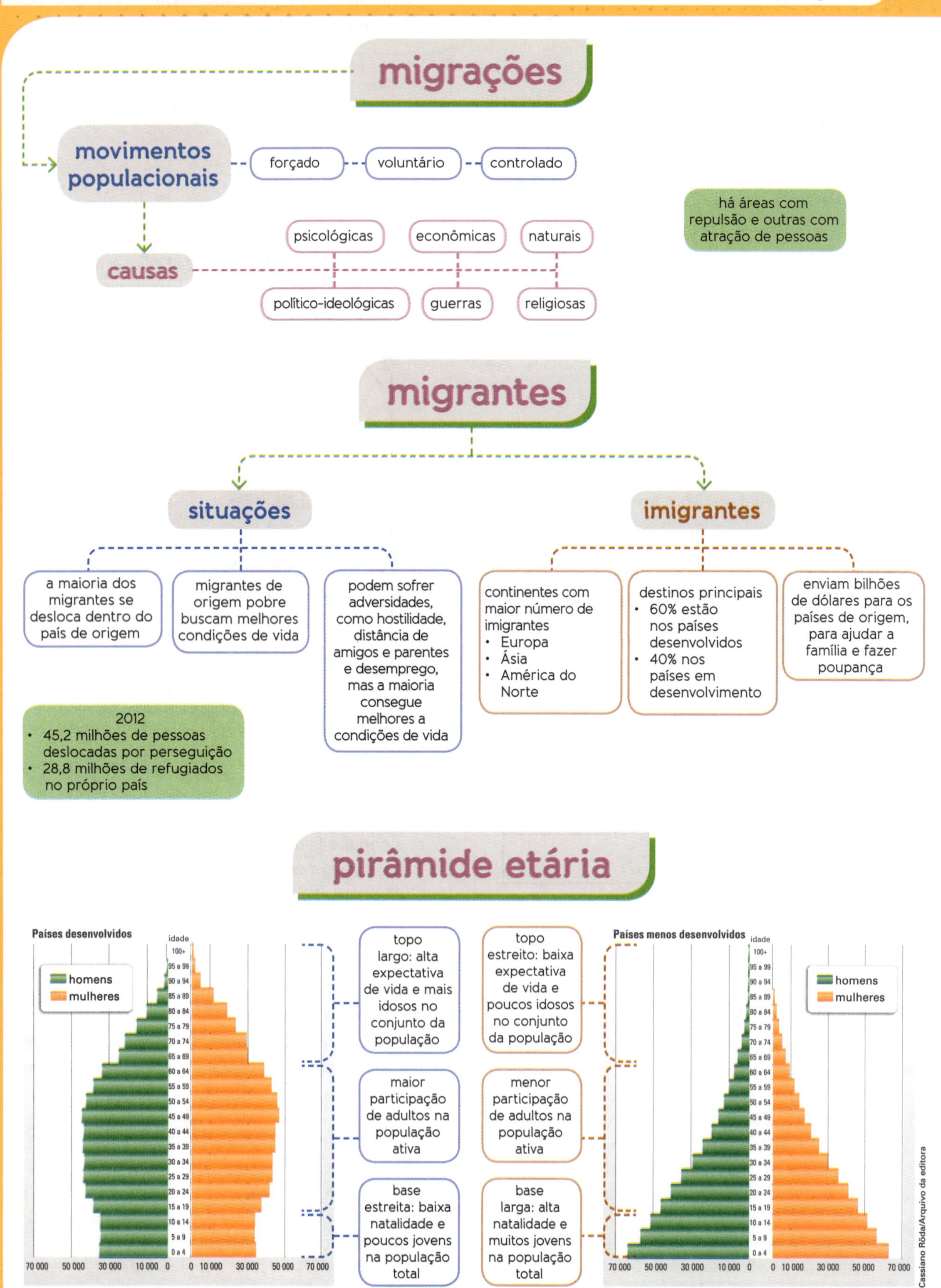

migrações
movimentos populacionais
forçado
voluntário
controlado
causas
psicológicas
econômicas
naturais
político-ideológicas
guerras
religiosas
há áreas com repulsão e outras com atração de pessoas
migrantes
situações
a maioria dos migrantes se desloca dentro do país de origem
migrantes de origem pobre buscam melhores condições de vida
podem sofrer adversidades, como hostilidade, distância de amigos e parentes e desemprego, mas a maioria consegue melhores a condições de vida
2012
• 45,2 milhões de pessoas deslocadas por perseguição
• 28,8 milhões de refugiados no próprio país
imigrantes
continentes com maior número de imigrantes
• Europa
• Ásia
• América do Norte
destinos principais
• 60% estão nos países desenvolvidos
• 40% nos países em desenvolvimento
enviam bilhões de dólares para os países de origem, para ajudar a família e fazer poupança
pirâmide etária
Países desenvolvidos
idade
homens
mulheres
topo largo: alta expectativa de vida e mais idosos no conjunto da população
maior participação de adultos na população ativa
base estreita: baixa natalidade e poucos jovens na população total
topo estreito: baixa expectativa de vida e poucos idosos no conjunto da população
menor participação de adultos na população ativa
base larga: alta natalidade e muitos jovens na população total
Países menos desenvolvidos
idade
homens
mulheres
Cassiano Röda/Arquivo da editora

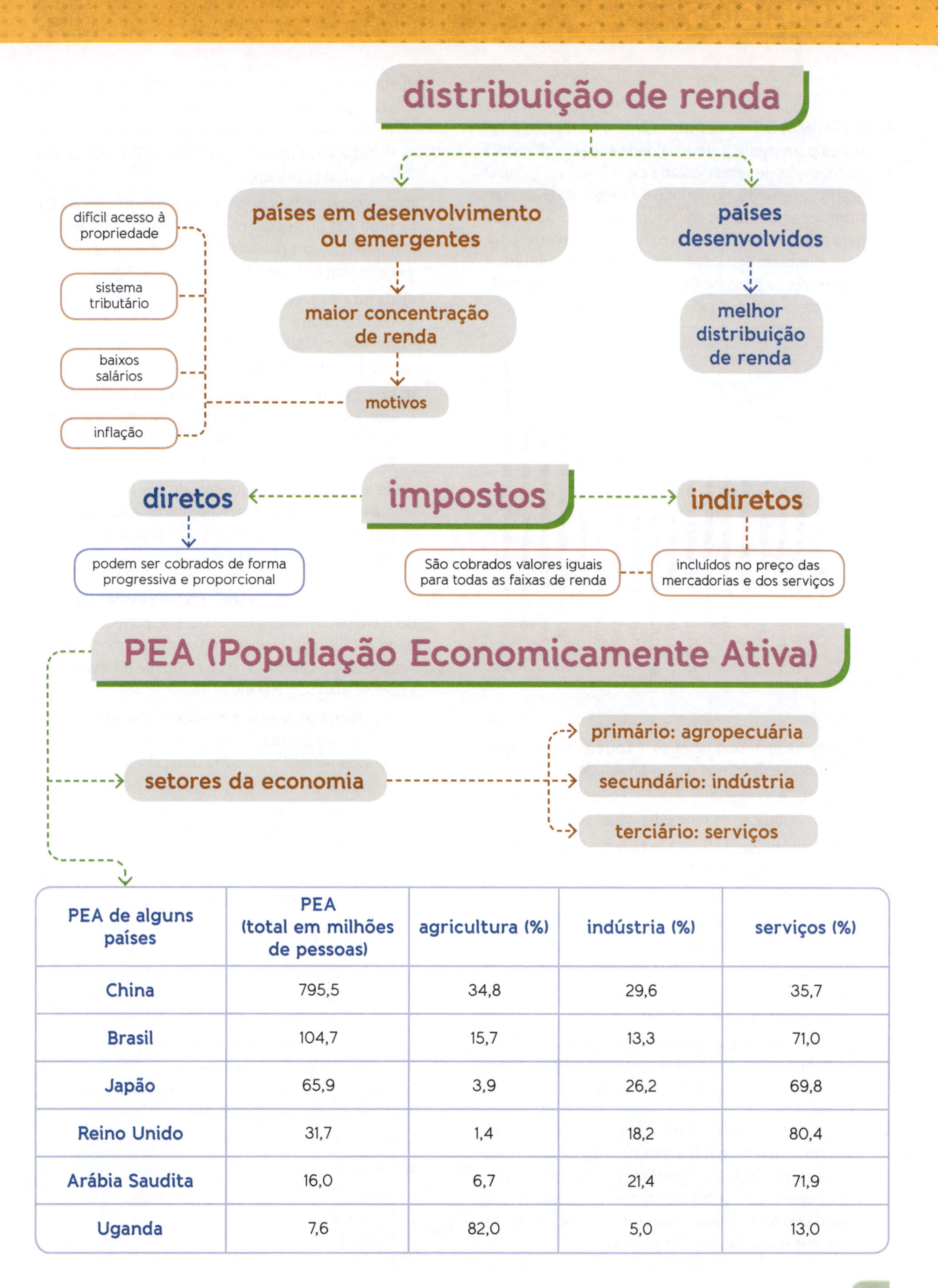

PEA de alguns países	PEA (total em milhões de pessoas)	agricultura (%)	indústria (%)	serviços (%)
China	795,5	34,8	29,6	35,7
Brasil	104,7	15,7	13,3	71,0
Japão	65,9	3,9	26,2	69,8
Reino Unido	31,7	1,4	18,2	80,4
Arábia Saudita	16,0	6,7	21,4	71,9
Uganda	7,6	82,0	5,0	13,0

Exercícios

Testes

1. (UFTM-MG) O Coeficiente de Gini é uma relação estatística para medir a desigualdade social, incluindo a distribuição de renda, e varia de 0 (zero) a 1 (um). O gráfico apresenta, no período de 2005 a 2009, os coeficientes encontrados em alguns países do G20, onde para a distribuição de renda o coeficiente 0 corresponde à completa igualdade na renda (todos detêm a mesma renda *per capita*) e o coeficiente 1 corresponde à completa desigualdade entre as rendas.

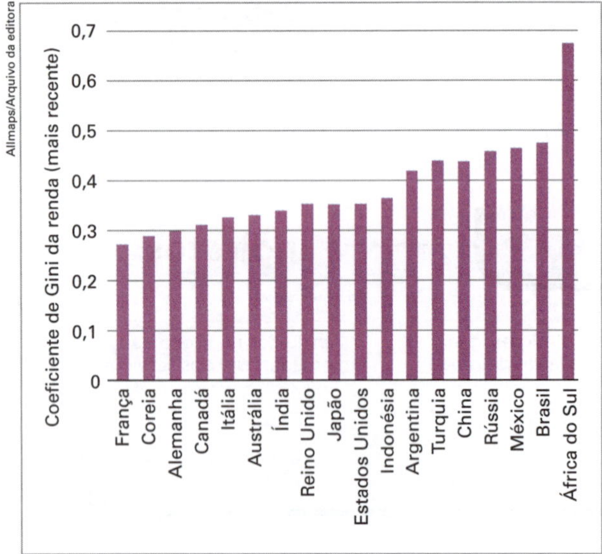

Allmaps/Arquivo da editora

Disponível em: <www.oxfam.org>. Acesso em: 11 ago. 2014.

A partir da análise do gráfico, é correto afirmar que, no período e dentre os países analisados,

a) o Brasil é o segundo país com maior desigualdade na distribuição de renda dentre os países do G20.

b) o Brasil apresenta a melhor taxa de distribuição de renda dos países da América Latina.

c) assim como no Brasil, os governos de países de economias emergentes priorizaram a melhoria na distribuição de renda.

d) a África do Sul apresenta a melhor distribuição de renda do grupo em função dos recursos minerais existentes em seu território.

e) países desenvolvidos como França, Alemanha e Canadá, embora apresentem economia estável, possuem elevados índices de desigualdade social.

2. (UFG-GO) Nos últimos anos, países como França, Inglaterra, Espanha e Itália viram se agravar os seus conflitos internos, em alguns casos com manifestações violentas e confrontos entre manifestantes, a maioria envolvendo jovens e forças policiais. Esses acontecimentos ocorreram por causa

a) da intensificação dos movimentos antiglobalização que se prolongam desde o final da década de 1990 e tiveram como fato marcante a grande manifestação durante o encontro da OMC em Seatle, nos Estados Unidos.

b) dos movimentos pontuais que acontecem na Europa em protestos contra a União Europeia e a imposição aos países do euro como moeda única, fator que teria ampliado o desemprego.

c) da luta da juventude pela paz mundial, principalmente contra a participação de seus países em missões militares no Afeganistão e Iraque, ao lado dos Estados Unidos.

d) do crescimento da migração de populações de outros países, envolvidos em guerras ou catástrofes ambientais, aliado à falta de emprego para a juventude, em virtude da extensão da crise econômica.

e) da determinação da juventude que luta por reforma educacional e por maior participação do Estado no ensino superior com a finalidade de ampliar a gratuidade desse ensino.

3. (UCS-RS) População é o conjunto de pessoas que residem em determinado território, que pode ser uma cidade, estado, país ou o próprio mundo como um todo. Analise a veracidade (V) ou a falsidade (F) das proposições abaixo sobre população.

( ) A Teoria de Malthus explicava que a população dobraria a cada 25 anos, caso não ocorressem fatos anômalos, sendo que o crescimento populacional se daria em progressão geométrica e a produção de alimentos, em progressão aritmética, gerando fome e miséria.

( ) O crescimento populacional ocorre devido ao crescimento natural, que é medido pela taxa de crescimento vegetativo, correspondente à diferença entre a taxa de natalidade e a taxa de mortalidade, ocorridas durante um ano.

( ) Os imigrantes hispânicos nos Estados Unidos representam 3/4 do total da população desse país, correspondendo a 22% de imigrantes que ali viviam, na década passada, dos quais 12% eram negros e 10%, brancos.

Assinale a alternativa que preenche corretamente os parênteses, de cima para baixo.

a) V – V – F

b) V – F – V

c) V – V – V

d) F – V – V

e) F – F – F

4. (PUC-SP) Veja o mapa:

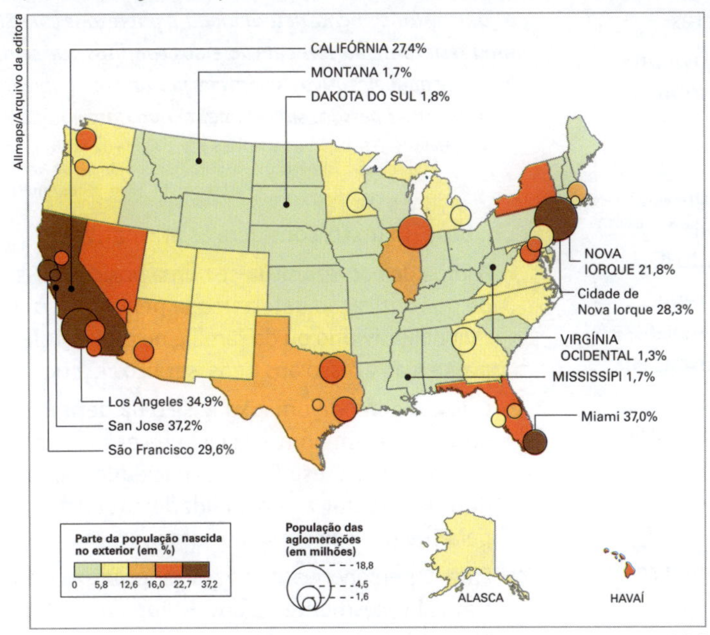

Science Po: atelier de cartographie. In: <http://cartographie.sciences-po.fr/fr/etatsunis-population-n-e-l-tranger-2007>. Acesso em: 24 maio 2012.

Considerando o que está representado, pode-se dizer que

a) em razão da vizinhança na fronteira Norte dos EUA, os estados da região têm um maior número de estrangeiros na sua composição populacional.

b) em todo estado onde a população estrangeira é expressiva, os estrangeiros vão para o campo, como, por exemplo, no caso da Flórida.

c) embora haja forte presença de estrangeiros em algumas cidades, nas principais cidades americanas, essa presença não é importante.

d) o Meio-Oeste e o Norte, por serem mais rurais, têm mais estrangeiros no conjunto da população, porque esses são mão de obra desqualificada.

e) na costa Oeste dos EUA, a forte presença de estrangeiros deve-se, entre outros fatores, à forte migração na sua fronteira Sul.

5. (UEM-PR) Sobre as migrações internacionais, é correto afirmar:

(01) Atualmente, na Europa, multiplicam-se, notadamente, grupos e movimentos neonazistas que agridem os imigrantes oriundos de países pobres. A maior parte dos partidos políticos de extrema direita propõe leis que advogam o controle da migração.

(02) Antes da Primeira Guerra Mundial, os países da Europa tinham uma economia em ascensão, e as políticas públicas internas promoviam a atração de latinos e asiáticos, pois não havia excedentes demográficos.

(04) Nas últimas décadas do século XX, ocorre uma grande mobilidade de trabalhadores para os países do Norte, oriundos dos países do Sul, gerando uma remessa significativa de recursos financeiros para os países de origem.

(08) Na última década, nos Estados Unidos, houve uma política estatal (de acolhimento) para os imigrantes não documentados ou ilegais, em razão da grande necessidade de uma mão de obra barata e que se sujeitasse a realizar trabalhos considerados insalubres.

(16) Na República Velha, o Brasil recebeu uma grande leva de imigrantes de origem europeia e asiática, que vieram suprir as necessidades da lavoura cafeeira em substituição ao trabalho escravo.

6. (FGV-SP)

Uma antiga técnica defensiva para conter um fenômeno global do século 21

Como se fosse um castelo medieval cercado por hordas de bárbaros, a Grécia acaba de completar o primeiro trecho (14,5 km) de um fosso que blindará sua fronteira terrestre com a Turquia, na região da Trácia. [...] Quando estiver terminado, terá 120 km de comprimento – quase em paralelo ao rio Evros, que serpenteia entre os dois países – por 30 de largura e 7 de profundidade. O buraco será semeado de arame farpado, câmeras térmicas e sensores de movimento.

Disponível em: <http://noticias.uol.com.br/midiaglobal/elpais/2011/08/06/grecia-constroi-uma-trincheira-para-frear-a-imigracao-da-turquia.jhtm>. Acesso em: 11 ago. 2014.

Sobre o "fosso" mencionado na reportagem, assinale a alternativa correta:

a) Trata-se de uma iniciativa conjunta dos governos de Atenas e de Ancara, com vistas a minimizar os fluxos migratórios controlados por grupos organizados.

b) Foi idealizado pela Frontex, a agência que gerencia o controle das fronteiras externas da União Europeia.

c) Tem como objetivo estender para as fronteiras terrestres gregas o rígido sistema de segurança que esvaziou os campos de refugiados situados nas ilhas do Mar Egeu.

d) É parte de um amplo programa de legalização da entrada de imigrantes, que já tornou a Grécia o país europeu que mais concede o estatuto de refugiado.

e) Visa estancar o crescente fluxo de imigrantes ilegais que entram na União Europeia pela fronteira turco-grega.

7. (UFPB) A distribuição da população mundial é extremamente heterogênea, apresentando áreas densamente povoadas e outras com grandes vazios demográficos. O mesmo ocorre com o Índice de Desenvolvimento Humano (IDH), que apresenta algumas áreas com altos índices e outras com níveis mais baixos.

Considerando o exposto e a literatura sobre o assunto abordado, identifique as afirmativas corretas:

( ) O Canadá é um país pouco populoso, cuja população encontra-se homogeneamente distribuída pelo seu território, fazendo com que esse país apresente um alto IDH.

( ) Os Estados Unidos são um país populoso e apresentam elevada renda *per capita*, além de possuírem o maior PIB do mundo e um alto IDH.

( ) A Índia é o segundo país mais populoso do mundo, porém apresenta renda *per capita* baixa e mal distribuída, tendo como consequência um baixo IDH.

( ) A China é o país mais populoso do mundo e sua economia vem crescendo fortemente nos últimos anos, o que determina seu alto IDH.

( ) O Brasil é um dos países mais populosos do mundo e com significativo crescimento econômico nos últimos anos, apesar de ainda apresentar má distribuição de renda e um médio IDH.

8. (UEL-PR)

Segundo o Human Development Report (HDR – Boletim da ONU) de 2001, 2002, pobreza significa a negação das oportunidades de escolha mais elementares para o desenvolvimento humano, tais como: ter uma vida longa, saudável e criativa; ter um padrão adequado de liberdade, dignidade, autoestima, e gozar de respeito por parte das outras pessoas. Pode-se constatar que o conceito de pobreza envolve um forte componente de subjetividade ideológica. Assim, numa perspectiva de interpretação neoclássica e conservadora, a pobreza é considerada uma condição ou um estágio na vida de um indivíduo ou de uma família. A linha de pobreza, neste caso, é definida como um padrão de vida (normalmente medido em termos de renda ou de consumo) abaixo da qual as pessoas são consideradas como pobres. Já na perspectiva de que é historicamente determinada, a pobreza se constitui numa resultante da competição e dos conflitos que se dão pela posse daqueles ativos, sejam eles produtivos, ambientais ou culturais. As pessoas simplesmente não nascem pobres.

Adaptado de: LEMOS, J. de J. e NUNES, E. L. L. Mapa da exclusão social num país assimétrico: Brasil. *Revista econômica do Nordeste.* Fortaleza: vol. 36, n. 2, abr./jun. 2005.

Com base no texto, considere as afirmativas:

I. A linha de pobreza situa-se numa posição passível de quantificação determinada pela posição relativa do indivíduo ou da família no que se refere à posse e ao acesso aos bens, serviços e à riqueza.

II. O texto defende um eixo básico na definição de pobreza de um ponto de vista da economia política: a pobreza resulta das capacidades do indivíduo de superar as adversidades determinadas pela sua posição social ao nascer.

III. Para a perspectiva neoclássica, pobreza não se trata simplesmente de um estado de existência; ela é determinada e definida pela forma como se dão as relações entre os grupos sociais, e no poder que determinado grupo tem de apoderar-se dos ativos gerados pelas diversas atividades socioculturais e ambientais.

IV. Na perspectiva de que é determinada historicamente, a pobreza constitui-se nos resultados de conflitos que resultam, de forma competitiva, na privação do poder, da riqueza ou de diversos ativos, requisitos necessários ao bem-estar das pessoas.

Assinale a alternativa que contém todas as afirmativas corretas.

a) I e II.
b) I e IV.
c) III e IV.
d) I, II e III.
e) II, III e IV.

Questão

9. (UFTM-MG) Observe o mapa que apresenta o fluxo de migrações nas últimas décadas do século XX.

a) Indique quais foram os principais focos de atração de imigrantes no mundo no final do século XX.

b) Descreva dois dos principais fluxos indicados no mapa.

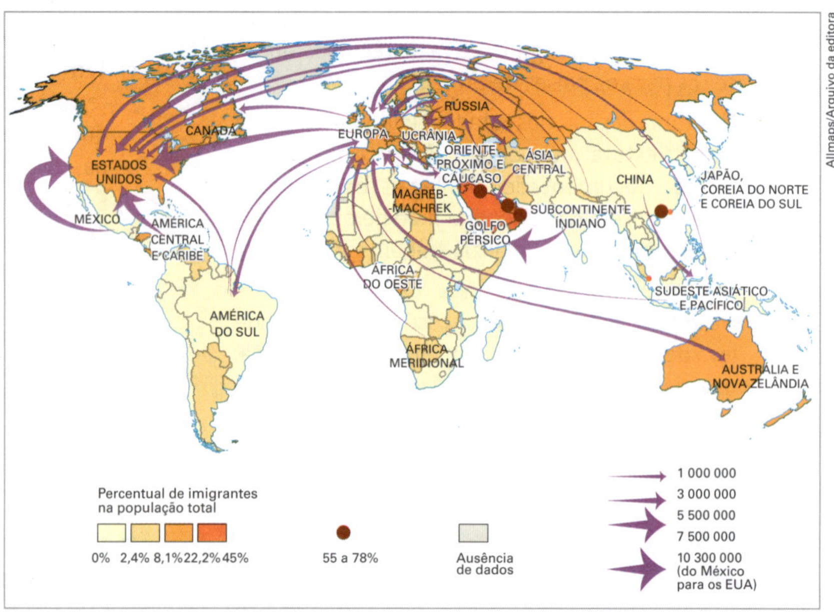

Allmaps/Arquivo da editora

Adaptado de: *Caderno do aluno*, SEE/SP, vol. 1.

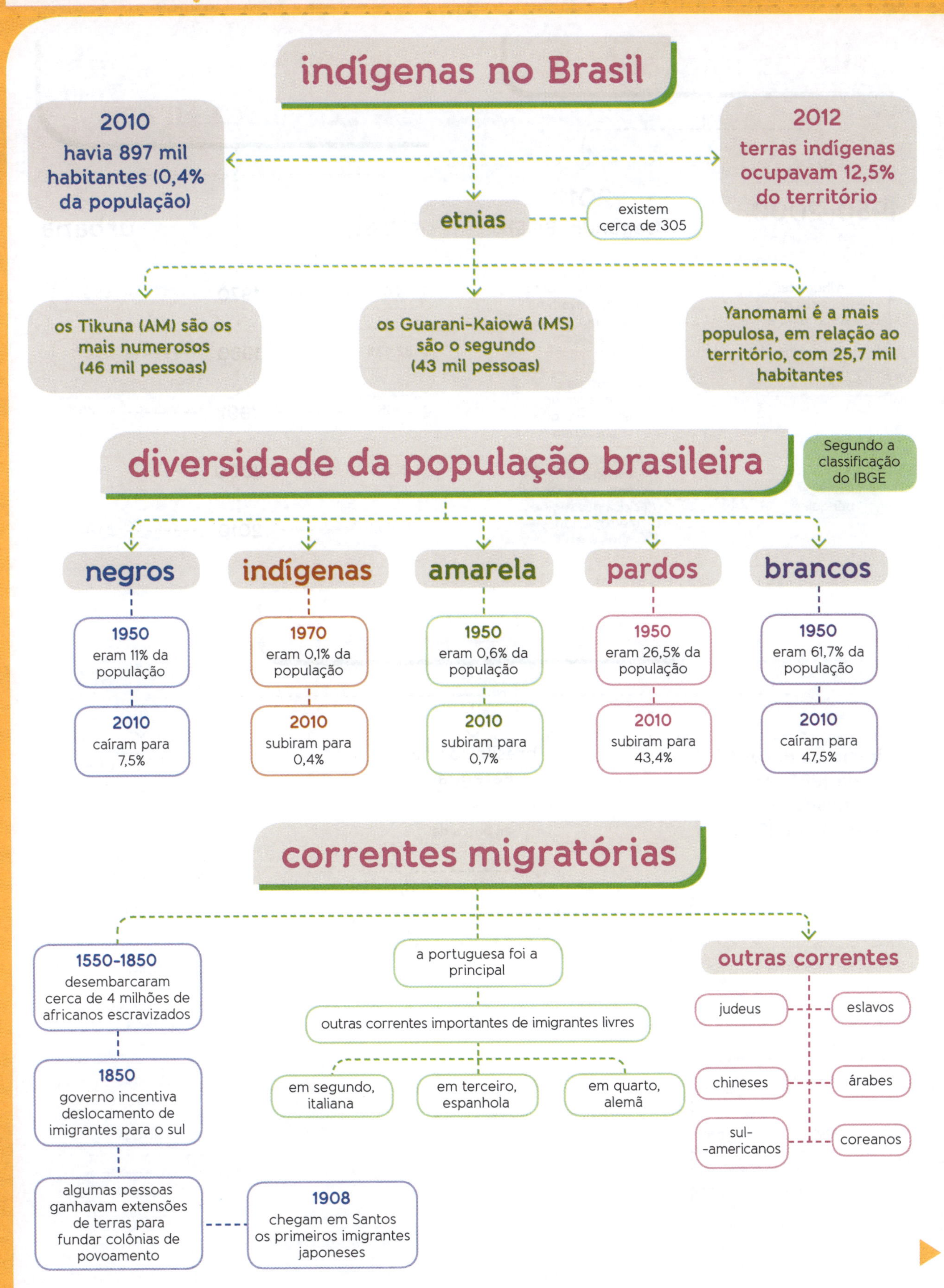
indígenas no Brasil
2010
havia 897 mil habitantes (0,4% da população)
2012
terras indígenas ocupavam 12,5% do território
etnias
existem cerca de 305
os Tikuna (AM) são os mais numerosos (46 mil pessoas)
os Guarani-Kaiowá (MS) são o segundo (43 mil pessoas)
Yanomami é a mais populosa, em relação ao território, com 25,7 mil habitantes
diversidade da população brasileira
Segundo a classificação do IBGE
negros
1950
eram 11% da população
2010
caíram para 7,5%
indígenas
1970
eram 0,1% da população
2010
subiram para 0,4%
amarela
1950
eram 0,6% da população
2010
subiram para 0,7%
pardos
1950
eram 26,5% da população
2010
subiram para 43,4%
brancos
1950
eram 61,7% da população
2010
caíram para 47,5%
correntes migratórias
1550-1850
desembarcaram cerca de 4 milhões de africanos escravizados
1850
governo incentiva deslocamento de imigrantes para o sul
algumas pessoas ganhavam extensões de terras para fundar colônias de povoamento
1908
chegam em Santos os primeiros imigrantes japoneses
a portuguesa foi a principal
outras correntes importantes de imigrantes livres
em segundo, italiana
em terceiro, espanhola
em quarto, alemã
outras correntes
judeus
eslavos
chineses
árabes
sul-
-americanos
coreanos

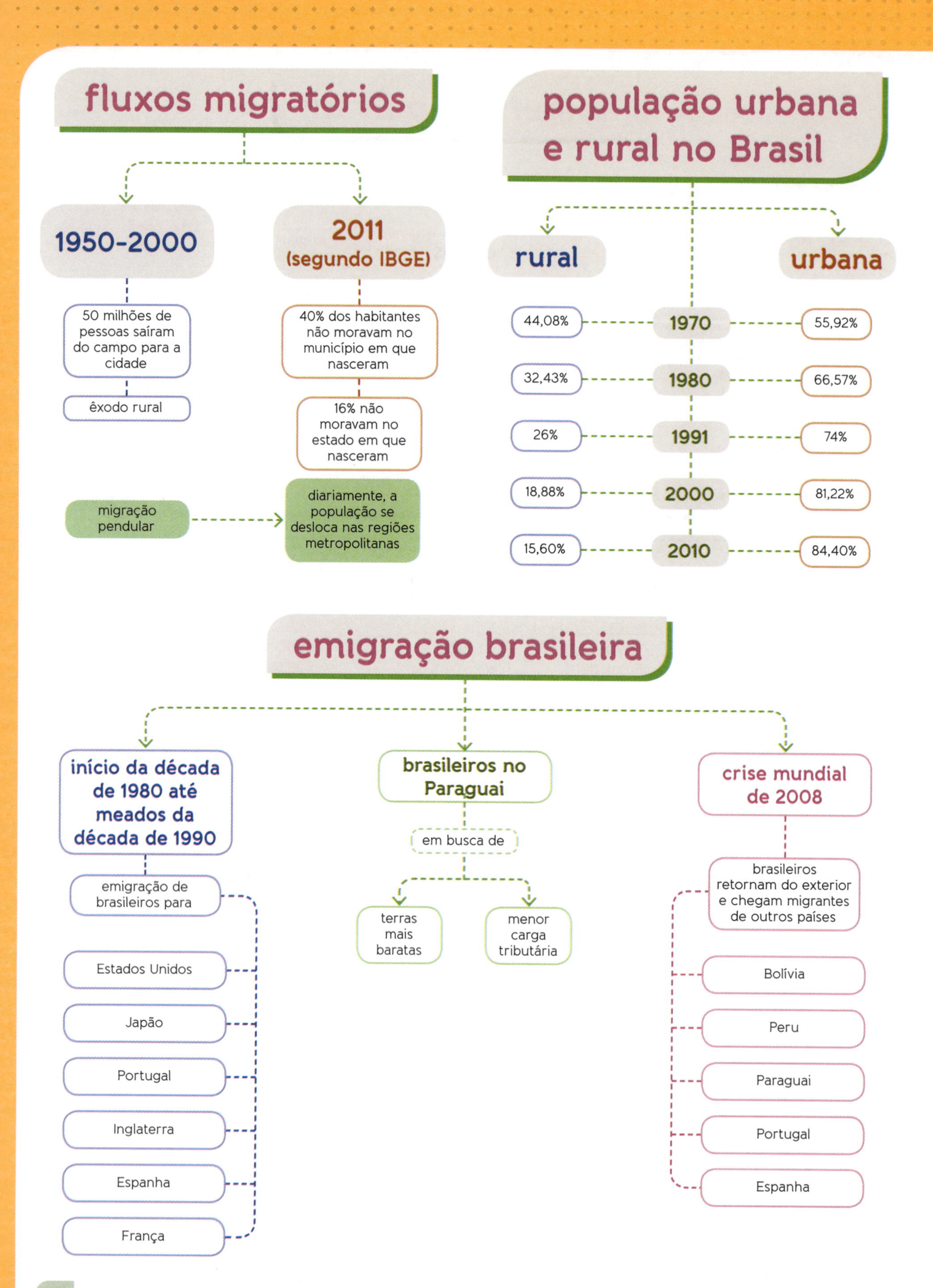

fluxos migratórios
1950-2000
50 milhões de pessoas saíram do campo para a cidade
êxodo rural
2011 (segundo IBGE)
40% dos habitantes não moravam no município em que nasceram
16% não moravam no estado em que nasceram
migração pendular
diariamente, a população se desloca nas regiões metropolitanas
população urbana e rural no Brasil
rural
urbana
44,08%
1970
55,92%
32,43%
1980
66,57%
26%
1991
74%
18,88%
2000
81,22%
15,60%
2010
84,40%
emigração brasileira
início da década de 1980 até meados da década de 1990
emigração de brasileiros para
Estados Unidos
Japão
Portugal
Inglaterra
Espanha
França
brasileiros no Paraguai
em busca de
terras mais baratas
menor carga tributária
crise mundial de 2008
brasileiros retornam do exterior e chegam migrantes de outros países
Bolívia
Peru
Paraguai
Portugal
Espanha

Exercícios

Testes

1. (UEM-PR) Em relação à população brasileira, assinale a(s) alternativa(s) correta(s).

   I. No Brasil, a imigração intensificou-se, a partir de 1850 até 1934; a maior parte desse deslocamento de imigrantes para o país esteve ligada à necessidade de mão de obra para a lavoura cafeeira.

   II. Os imigrantes espanhóis fixaram-se em áreas do estado de São Paulo, Rio de Janeiro, Minas Gerais e Rio Grande do Sul. Porém, os alemães se fixaram em Santa Catarina, Rio Grande do Sul, Paraná, São Paulo e Espírito Santo.

   III. A imigração japonesa concentrou-se em áreas da capital e do interior de São Paulo (Marília, Tupã, Presidente Prudente e Vale do Ribeira), no Paraná (Londrina e Maringá) e nos estados do Pará e do Mato Grosso do Sul.

   IV. As migrações pendulares nas grandes cidades, a partir de 1950, acompanham o aumento da urbanização.

   V. A migração rural-rural, de uma área agrícola para outra, é muito praticada no Brasil. Podemos incluir, neste caso, a transumância, ou seja, o trânsito dos trabalhadores rurais que vivem se deslocando em busca de trabalho, tais como os boias-frias e os trabalhadores itinerantes.

   VI. As migrações rural-urbanas, no Brasil, também são conhecidas como êxodo rural, porque dizem respeito à copiosa saída de pessoas do campo para as cidades, de forma mais acentuada, nas décadas de 1970 a 1980. As causas principais foram a modernização e a mecanização da agricultura e a monopolização das propriedades rurais.

   São corretas as afirmações:

   a) I, III, IV, V e VI.
   b) III, IV, V e VI.
   c) I, II, IV, V e VI.
   d) I, II, III, IV e VI.
   e) todas.

2. (Vunesp-SP)

   A área conhecida como "de colonização", no Rio Grande do Sul, é caracterizada pela existência de pequenas propriedades cuidadas por colonos europeus e seus descendentes, que se dedicaram a um tipo especial do cultivo, que logo deu origem a pequenas "cantinas" que passaram a industrializar a produção agrícola. Devido à grande aceitação do produto, a matéria-prima passou a ser produzida, também, em grandes propriedades monocultoras. Várias empresas, inclusive multinacionais, vêm-se instalando na região e, além de abastecer o mercado interno brasileiro, têm atendido, também, à exportação.

   Assinale a alternativa que contém o principal tipo de imigrante e o tipo de cultivo que originou a indústria típica da área:

   a) italiano e chá-mate.
   b) alemão e malte.
   c) italiano e suco de laranja.
   d) alemão e cevada.
   e) italiano e uva.

3. (Vunesp-SP) Os imigrantes japoneses começaram a chegar ao Brasil em 1908, atingindo, na atualidade, aproximadamente 1,5 milhão de "nikkeis", os quais englobam imigrantes japoneses e seus descendentes. Nos últimos anos tem crescido a ida de brasileiros para o Japão, principalmente na faixa produtiva dos 20 aos 35 anos. Esta inversão no fluxo migratório está vinculada ao:

   a) desejo de conhecer e se engajar em trabalhos altamente especializados.
   b) entrave burocrático provocado pela lei brasileira que proíbe o trabalho de imigrantes japoneses e seus descendentes.
   c) desejo de fazer turismo a baixo custo, apesar dos altos salários recebidos no Brasil.
   d) boa aceitação da comunidade japonesa, que reserva aos imigrantes os melhores e mais valorizados empregos.
   e) engajamento no mercado de trabalho não especializado e temporário, através de agenciadores ou intermediários.

4. (UFPE) Em relação à distribuição da população brasileira, é incorreto afirmar que:

   a) as migrações internas no Brasil ocorrem desde o século XVII e foram determinadas, quase sempre, pelo aparecimento de novos polos de atração populacional.
   b) o café foi um dos principais responsáveis pelo povoamento do Vale do Paraíba, das "terras roxas" de São Paulo e da Depressão Periférica Paulista.
   c) no Brasil, desde o início da colonização até os dias atuais, a população esteve mais concentrada na porção oriental.
   d) o êxodo rural no Brasil resultou do notável progresso industrial ocorrido nas décadas de 50 e 60, na Região Centro-Oeste.
   e) além de povoar o território e expandir as fronteiras econômicas, as migrações internas promoveram, de uma certa maneira, a urbanização do Brasil e aumentaram o processo de miscigenação da população.

5. (Fuvest-SP)

Quando vim de minha terra,
se é que vim de minha terra
(não estou morto por lá?),
a correnteza do rio
me sussurrou vagamente
que eu havia de quedar
lá donde me despedia.
[...] *Quando vim de minha terra*
não vim, perdi-me no espaço
na ilusão de ter saído.
Ai de mim, nunca saí.

Nesse poema, Carlos Drummond de Andrade

a) discute a permanente frustração do desejo de migrar do campo para a cidade.
b) reflete sobre o sentimento paradoxal do migrante em face de sua identidade regional.
c) expõe a tragédia familiar do migrante quando se desloca do interior para a cidade.
d) aborda o problema das migrações originárias das regiões ribeirinhas para as grandes cidades.
e) comenta as expectativas e esperanças do migrante em relação ao lugar de destino.

6. (UEL-PR) Assinale a alternativa **incorreta**.

a) A distribuição da população brasileira tem como componentes, além dos fatores naturais, fatores econômicos e históricos, tais como os movimentos migratórios internos.
b) Apesar de ser um dos países mais populosos do mundo, o Brasil continua a ser um país de baixa densidade demográfica.
c) Na atualidade, a maior concentração populacional brasileira encontra-se na região Sudeste.
d) Desde a década de 1990, a região Centro-Oeste tem consolidado sua importância como polo de atração populacional do país.
e) Com exceção da região Nordeste, nas demais regiões brasileiras a população rural é menor que a população urbana.

7. (UFPE) No Brasil, ocorreram diversos movimentos populacionais internos, entre áreas de repulsão e de atração. Estudos de Geografia da População têm revelado, no entanto, uma mudança significativa nos movimentos migratórios no país. Com relação a esse assunto, analise as proposições abaixo:

I. Na década de 90, o maior índice de migrantes deslocou-se para a fronteira agrícola e áreas de garimpo da região Norte.
II. O desinteresse dos migrantes pelos grandes centros urbanos da região Sudeste pode ser explicado pela crise econômica que restringiu o mercado de trabalho também nas áreas mais industrializadas.
III. A queda da fecundidade registrada, de maneira generalizada, nas áreas urbanas, vem ocorrendo também entre as populações do campo, impedindo o crescimento desenfreado da população rural, o que tem inibido seu êxodo.
IV. O principal fluxo migratório no país ocorria tradicionalmente do Nordeste, em direção aos grandes centros econômicos do Sudeste. Atualmente, o vetor migratório sofreu uma sensível mudança.

Estão corretas apenas:

a) I e II.
b) III e IV.
c) I e III.
d) II e IV.
e) I, II, III, IV.

8. (Vunesp-SP) Compare os dois gráficos que representam as entradas de migrantes nas regiões brasileiras.

Entradas de migrantes nas grandes regiões

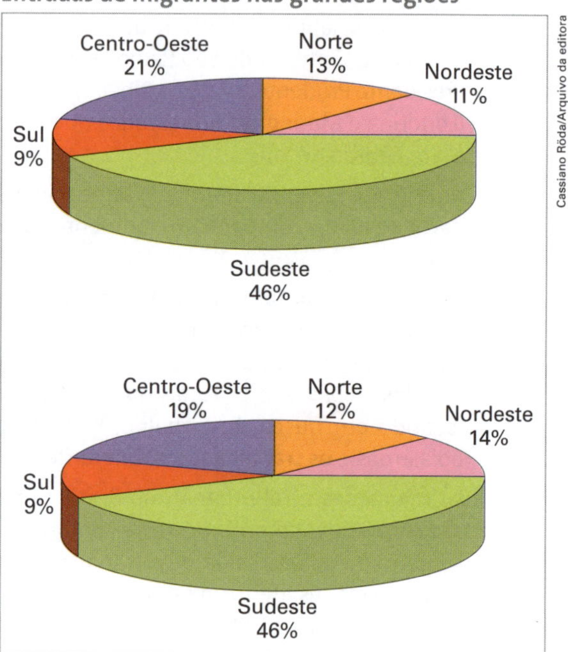

O aumento registrado nas entradas de migrantes na Região Nordeste tem como causa principal:

a) declínio no crescimento vegetativo da população nordestina.
b) retorno de muitos nordestinos para seus estados de origem.
c) êxodo rural intensificado pelo agravamento da seca no Sertão Nordestino.
d) frentes de trabalho criadas pelo governo nas áreas de agricultura irrigada.
e) programa de redistribuição de terras ao redor dos grandes açudes.

Questão

9. (Fuvest-SP) Relacione a predominância da população de origem europeia na região Sul do Brasil com o processo de povoamento do território brasileiro.

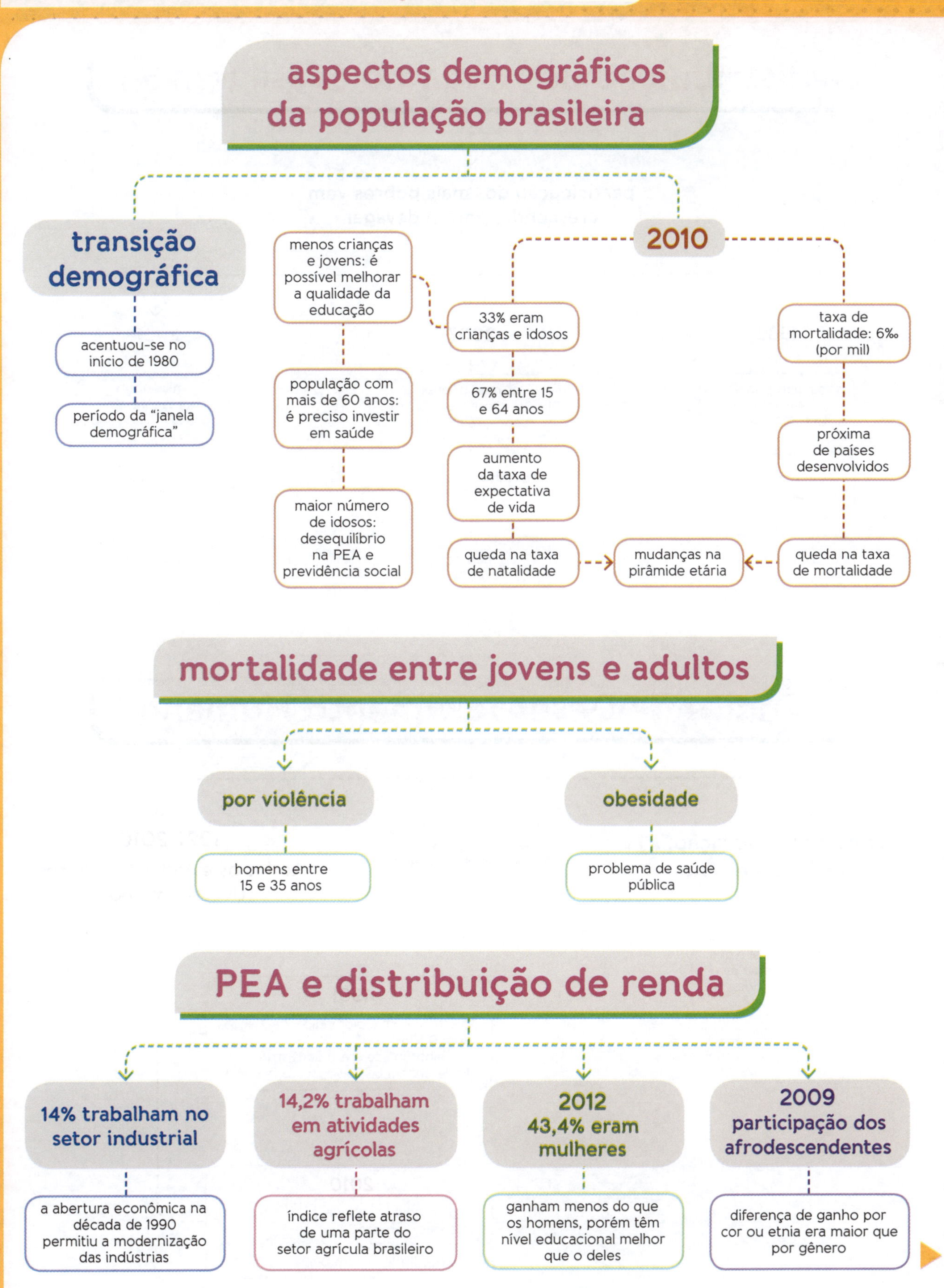
aspectos demográficos da população brasileira
transição demográfica
acentuou-se no início de 1980
período da "janela demográfica"
2010
33% eram crianças e idosos
menos crianças e jovens: é possível melhorar a qualidade da educação
população com mais de 60 anos: é preciso investir em saúde
maior número de idosos: desequilíbrio na PEA e previdência social
67% entre 15 e 64 anos
aumento da taxa de expectativa de vida
queda na taxa de natalidade
mudanças na pirâmide etária
taxa de mortalidade: 6‰ (por mil)
próxima de países desenvolvidos
queda na taxa de mortalidade
mortalidade entre jovens e adultos
por violência
homens entre 15 e 35 anos
obesidade
problema de saúde pública
PEA e distribuição de renda
14% trabalham no setor industrial
a abertura econômica na década de 1990 permitiu a modernização das indústrias
14,2% trabalham em atividades agrícolas
índice reflete atraso de uma parte do setor agrícula brasileiro
2012 43,4% eram mulheres
ganham menos do que os homens, porém têm nível educacional melhor que o deles
2009 participação dos afrodescendentes
diferença de ganho por cor ou etnia era maior que por gênero

distribuição de renda no Brasil (em %)

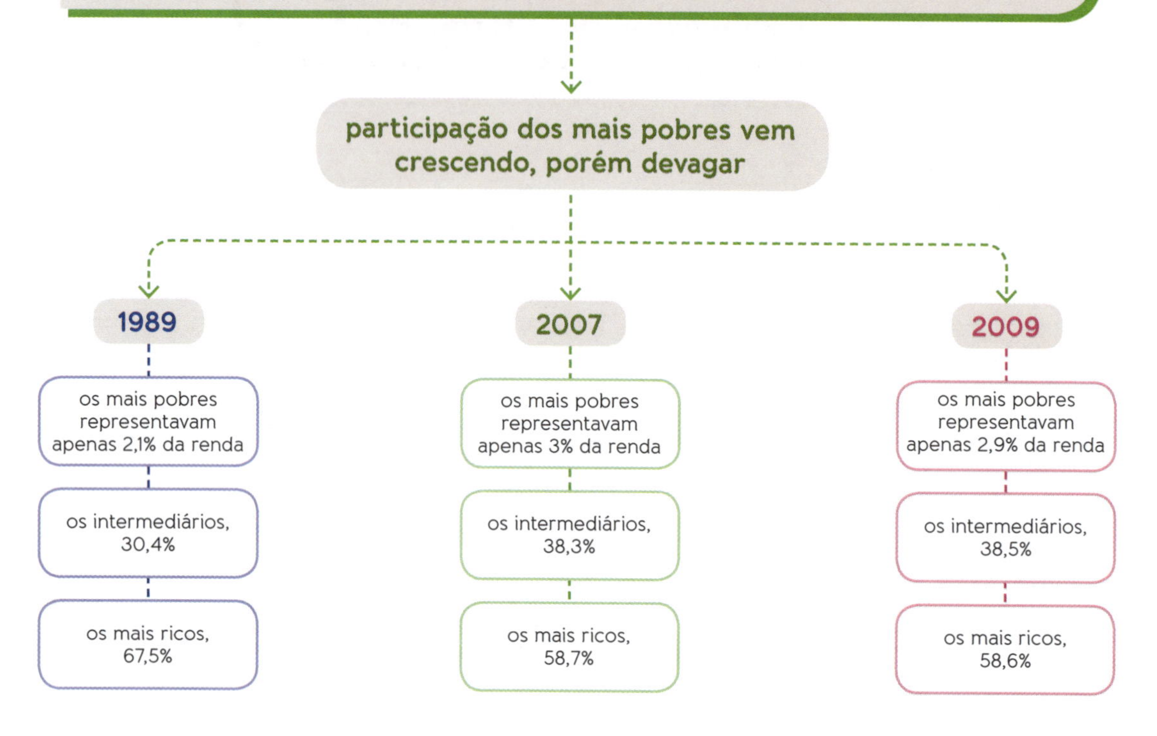

Índice de Desenvolvimento Humano

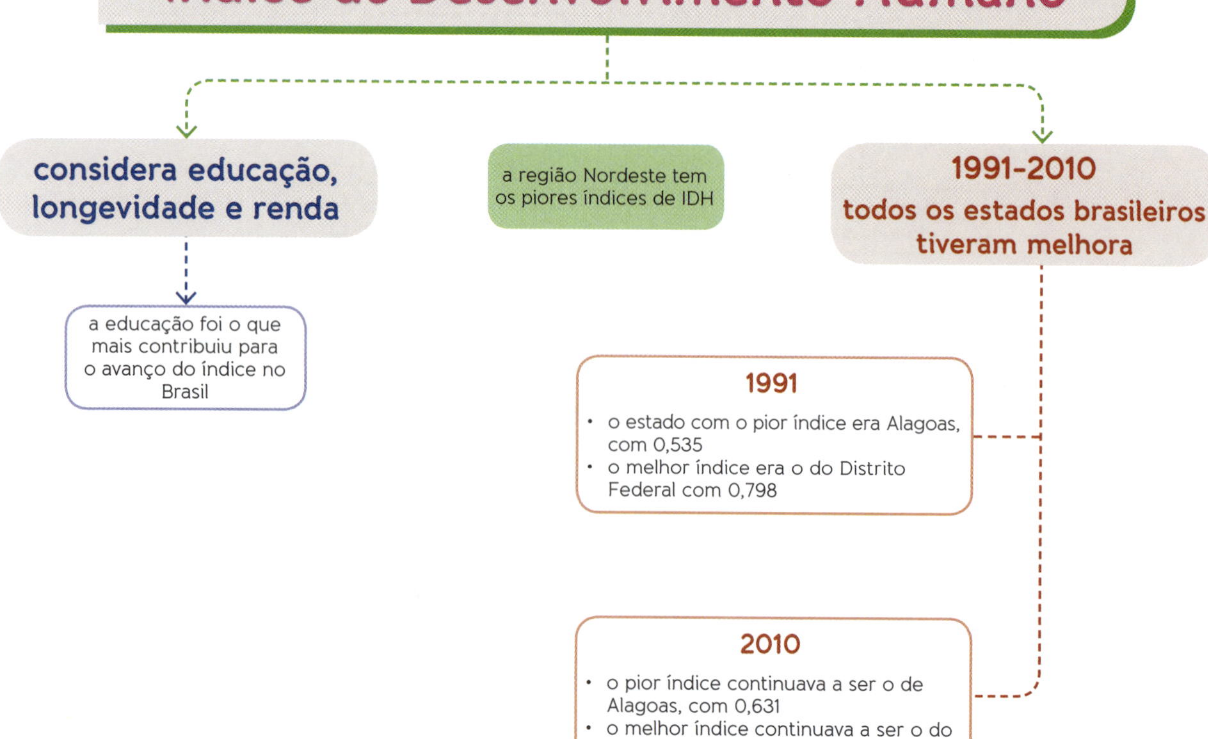

Exercícios

Testes

1. (FGV-RJ) Examine o gráfico.

Taxa média geométrica de crescimento – anual Brasil (1872/2010)

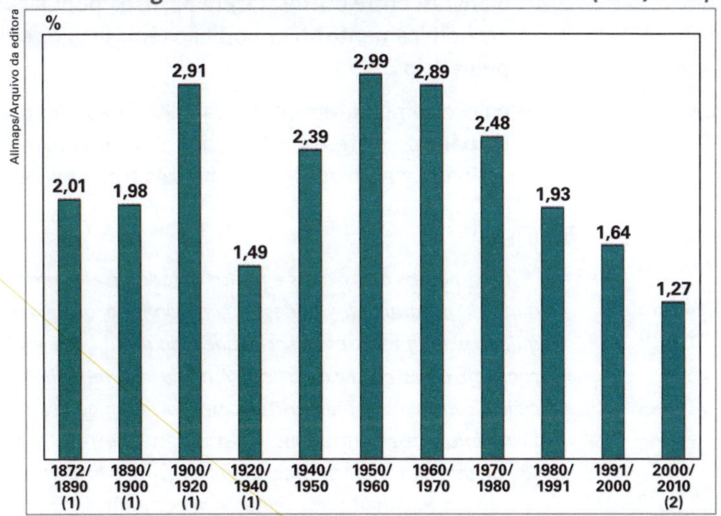

Disponível em: <http://www.ibge.gov.br/home/estatistica/populacao/censo2010/default.shtm>. Acesso em: 11 ago. 2014.

Sobre os fatores que explicam as variações no ritmo de crescimento da população brasileira entre 1872 e 2010, reveladas pelo gráfico, é CORRETO afirmar:

a) A elevada taxa de incremento populacional registrada entre 1900 e 1920 resultou do aumento da natalidade, associado ao processo de urbanização.

b) Na década de 1960, o crescimento da população pode ser associado à revolução sexual, que provocou um aumento substancial das taxas de fecundidade.

c) Se persistirem as taxas registradas entre 2000 e 2010, a população brasileira deve parar de crescer na próxima década.

d) Na década de 1940, o crescimento da população resultou da combinação entre a baixa fecundidade e a baixa mortalidade.

e) Desde a década de 1960, registra-se uma tendência de queda.

2. (UFRGS-RS) Com base nos dados apresentados pelas duas pirâmides populacionais, considere as afirmações abaixo.

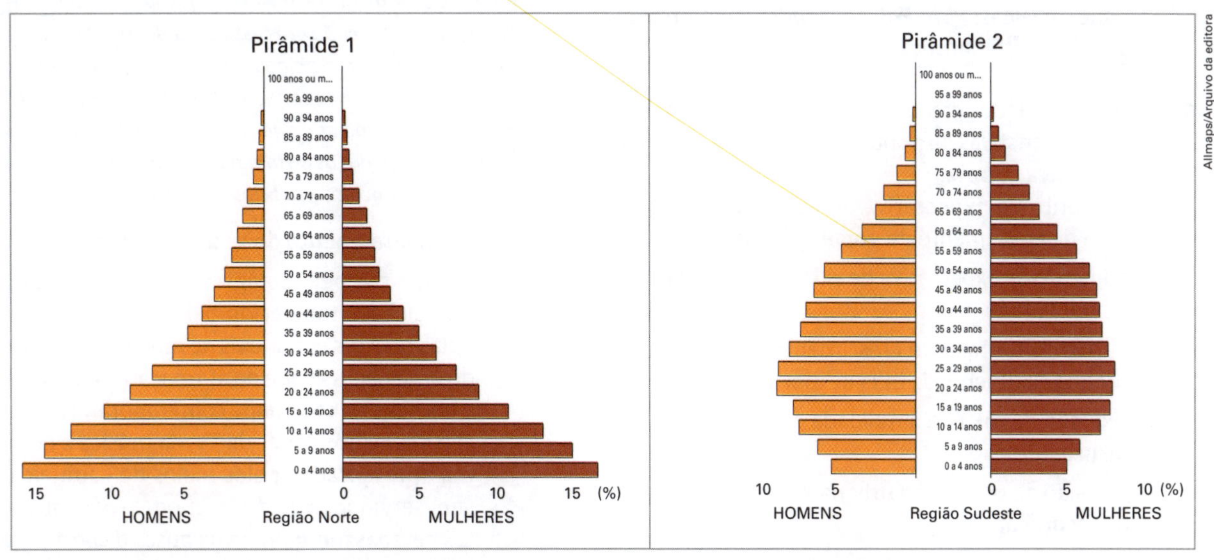

Adaptado de: <http://www.ibge.gov.br/indigenas/piramide_indigena.html>. Acesso em: 11 ago. 2014.

I. A análise das formas das pirâmides permite concluir que a pirâmide 1 representa uma região com a população indígena predominantemente rural.

II. A pirâmide 2 aponta uma diminuição do número de idosos, isto é, indica uma menor expectativa de vida.

III. A base da pirâmide 1 é característica de uma região com baixo índice de urbanização.

Quais estão corretas?

a) Apenas I.

b) Apenas II.

c) Apenas I e III.

d) Apenas II e III.

e) I, II e III.

3. (UEM-PR) Considere os dados da tabela abaixo e assinale a(s) alternativa(s) correta(s) sobre os indicadores sociais que ela apresenta:

Indicadores sociais – 2010

Países	IDH	IPM (%)*
Estados Unidos	0,960	13,6
Brasil	0,813	8,5
Etiópia	0,340	93

Relatório de Desenvolvimento Humano 2011. Nova York: PNUD; Coimbra: Almedina, 2011. Disponível em: <www.pnud.org.br>. Acesso em: 11 ago. 2014.

* Em 2010, o IPH (Índice de Pobreza Humana) sofreu mudanças na medição zMultidimensional), que considera uma gama maior de variáveis.

(01) Um IDH elevado corresponde a uma condição de vida melhor para toda a população de forma igualitária, como a alta da renda *per capita.*

(02) O Índice de Desenvolvimento Humano considera três dimensões básicas de desenvolvimento: longevidade, alfabetização e o PIB *per capita.*

(04) O Índice de Desenvolvimento Humano é uma média que ainda esconde as desigualdades, como no caso brasileiro.

(08) O Índice de Pobreza Multidimensional revela a parcela de pessoas que sofrem carências em dimensões básicas como saúde, educação e padrões de vida.

(16) O Índice de Desenvolvimento Humano mede a qualidade de vida considerando quatro dimensões básicas: PEA, PIB *per capita*, saneamento básico e alfabetização.

4. (UPF-RS) Os dados preliminares do Censo 2010 apontam características da população brasileira. Assinale a alternativa correta.

a) aumento da expectativa de vida e aumento da taxa de crescimento da população rural
b) aumento da expectativa de vida e redução da taxa de natalidade
c) aumento da taxa de crescimento da população urbana e aumento da taxa de mortalidade infantil
d) redução da taxa de natalidade e redução da taxa de urbanização
e) redução da população urbana e aumento da taxa de fecundidade

5. (UEG-GO) Quando se analisa a população economicamente ativa (PEA) de países desenvolvidos, verifica-se um elevado porcentual de ativos com baixos índices de desemprego. Por outro lado, a situação dos países subdesenvolvidos apresenta uma realidade oposta, com uma considerável parcela da população dedicada ao subemprego e, portanto, ligada à economia informal. A esse respeito, é correto afirmar:

a) o crescimento da economia informal nos países desenvolvidos está diretamente ligado ao processo de globalização que gerou o desemprego estrutural.
b) o Estatuto da Criança e do Adolescente proíbe, no Brasil, o trabalho de menores de 18 anos, mesmo na condição de aprendizes.
c) os vendedores ambulantes, guardadores de carros, diaristas, entre outros, fazem parte da população economicamente ativa, pois não têm vínculos empregatícios.
d) na economia informal, os trabalhadores não participam do sistema tributário, não têm carteira assinada e nem acesso aos direitos trabalhistas.

6. (UEPB)

O corpo nos dias atuais é pouco dotado de espontaneidade, de naturalidade, por estar condicionado, ou seja, regulado pelos interesses da sociedade globalizada, que visa o consumo da estética e da beleza. A mídia vem reforçando a cada dia, através da indústria do corpo (academias de ginástica, clínicas de estética, spas, revistas e estilistas, etc.), a ilusão de que ao tornar o corpo saudável, forte e belo, as pessoas se sentirão melhores e felizes. A beleza almejada muitas vezes está relacionada à forma de como alguém seduz o olhar do outro e de como a cultura o concebe, mas ao se padronizar o corpo, nega-se a singularidade do detalhe. A mídia, também atendendo a um desejo social, vem supervalorizando a juventude como única forma de felicidade, atitude que reforça o sentimento de medo e angústia no enfrentamento da velhice como sendo um castigo. Cuidar do corpo é fundamental, desde que o objetivo principal seja a melhoria da qualidade de vida e da saúde. Na maioria das vezes, adequar o modelo do corpo às exigências da cultura leva as pessoas a adotarem apenas as estratégias utilizadas pela mídia para atrair o consumo dos produtos impostos pela moda.

A partir do fragmento do texto, podemos afirmar:

I. A obsessão pelo emagrecimento e pelo padrão de beleza estabelecido pela cultura, divulgado pelas revistas e manuais de moda, tem-se tornado uma necessidade de afirmação para mulheres e homens na sociedade contemporânea. A sedução das celebridades da TV, da música e do cinema apresentados pelos meios de comunicação vem servindo de padrão e modelo para que muitas pessoas mergulhem na busca de perfis iguais a esses.

II. O envelhecimento, que antes era associado à perda de prestígio e ao afastamento do convívio social, atualmente é visto com outro olhar, com a inclusão da população idosa no mercado de consumo inerente a essa população.

III. A obesidade e a gordura passaram a ser critérios determinantes de feiura, opondo-se aos novos tempos, que exigem corpos turbinados e atléticos, independente de que malefícios essa conquista possa trazer a saúde.

IV. Os exercícios físicos passaram a ser prescritos por profissionais de saúde para melhoria da qualidade de vida, objetivando que crianças, jovens e adultos tenham ma vida saudável.

Estão corretas:

a) Apenas as proposições II e III

b) Apenas as proposições I e II

c) Todas as proposições

d) Apenas as proposições I e IV

e) Apenas as proposições II e IV

7. (UFPR) Os gráficos abaixo representam as pirâmides etárias da população brasileira das décadas de 1980 e 2000 e projeções para 2020 e 2040.

Brasil – pirâmides etárias (1980-2040)

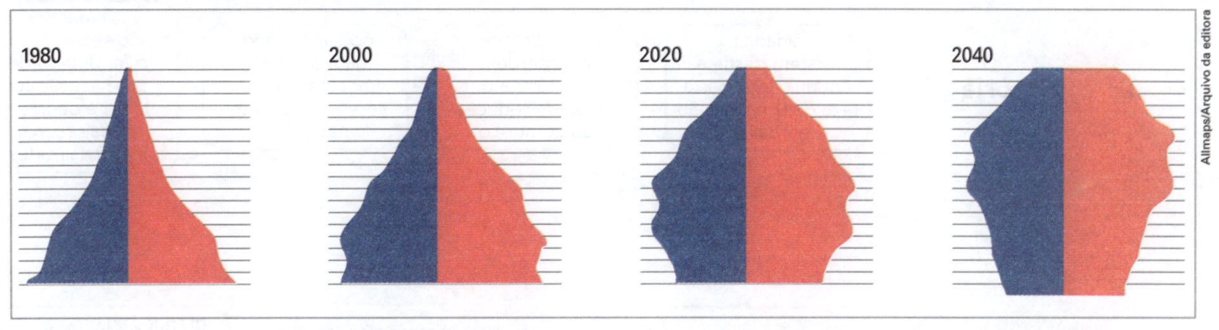

Disponível em: <http://www.ibge.gov.br/home/estatistica/populacao/projecao_da_populacao/2008/piramide/piramide.shtm>. Acesso em: 11 ago. 2014.

Com base nessas pirâmides etárias, considere as seguintes afirmativas:

1. Nas ordenadas estão o contingente populacional e nas abscissas os grupos de idade.
2. A base larga da pirâmide em todo o período analisado revela que o Brasil continuará a ser um país de jovens e reforça a necessidade do incremento de políticas públicas de atenção a tais camadas da população brasileira.
3. A estrutura etária da população representada nos gráficos tem relação com a economia e mostra a transformação da população economicamente ativa, definida como aquela que compreende o potencial de mão de obra com que pode contar o setor produtivo, isto é, a população ocupada e a população desocupada.
4. As transformações nas pirâmides no Brasil ao longo do tempo revelam a transição demográfica, explicada pela combinação de fatores como baixas taxas de natalidade, redução das taxas de mortalidade, elevação na expectativa de vida, redução na taxa de fecundidade e maior acesso e assistência à saúde.

Assinale a alternativa correta.

a) Somente a afirmativa 3 é verdadeira.

b) Somente as afirmativas 1 e 4 são verdadeiras.

c) Somente as afirmativas 3 e 4 são verdadeiras.

d) Somente as afirmativas 2, 3 e 4 são verdadeiras.

e) As afirmativas 1, 2, 3 e 4 são verdadeiras.

Questão

8. (UFBA)

Em novembro de 2010, o Instituto Brasileiro de Geografia e Estatística (IBGE) anunciou os primeiros resultados do último Censo. A população brasileira atingiu 190 732 694 habitantes. O aumento de 12,3% da população nos últimos 10 anos ficou bem abaixo dos 15,6% observados na década anterior. A redução no ritmo de crescimento da população brasileira é uma tendência que vem sendo registrada desde os anos 1950.

O Censo revelou, ainda, que continua o crescimento da população urbana, o surgimento de novos fluxos migratórios, o envelhecimento populacional, o predomínio da população feminina, dentre outros.

SOMOS, 2011, p. 53.

Considerando o texto e os conhecimentos sobre os primeiros resultados extraídos do Censo de 2010,

a) cite **duas razões** que contribuíram ainda mais para a redução no ritmo de crescimento da população absoluta, no Brasil, na última década;

b) destaque **dois aspectos** que explicam a ocorrência de novos fluxos migratórios no Brasil.

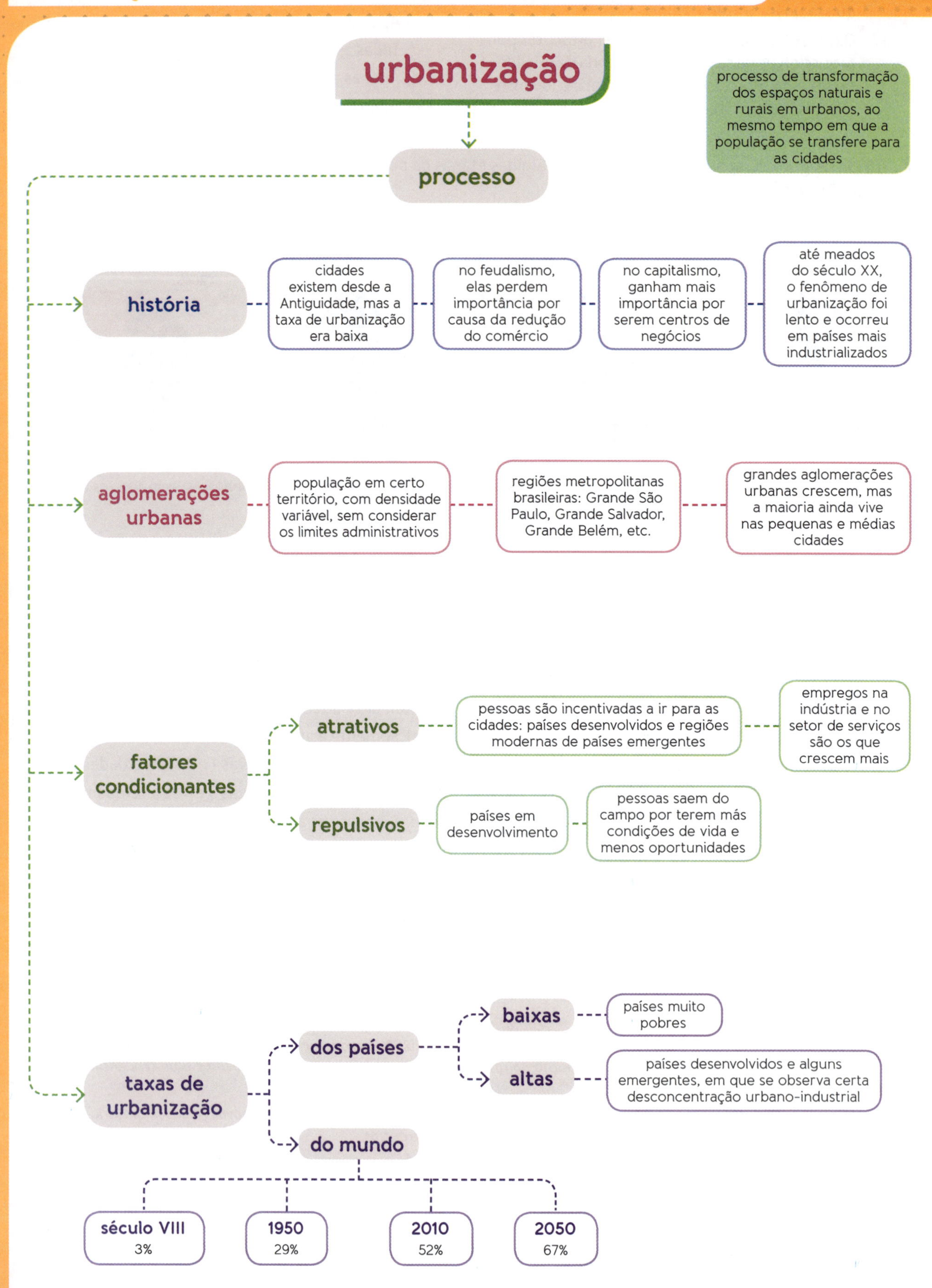
urbanização
processo de transformação dos espaços naturais e rurais em urbanos, ao mesmo tempo em que a população se transfere para as cidades
processo
história
cidades existem desde a Antiguidade, mas a taxa de urbanização era baixa
no feudalismo, elas perdem importância por causa da redução do comércio
no capitalismo, ganham mais importância por serem centros de negócios
até meados do século XX, o fenômeno de urbanização foi lento e ocorreu em países mais industrializados
aglomerações urbanas
população em certo território, com densidade variável, sem considerar os limites administrativos
regiões metropolitanas brasileiras: Grande São Paulo, Grande Salvador, Grande Belém, etc.
grandes aglomerações urbanas crescem, mas a maioria ainda vive nas pequenas e médias cidades
fatores condicionantes
atrativos
pessoas são incentivadas a ir para as cidades: países desenvolvidos e regiões modernas de países emergentes
empregos na indústria e no setor de serviços são os que crescem mais
repulsivos
países em desenvolvimento
pessoas saem do campo por terem más condições de vida e menos oportunidades
taxas de urbanização
dos países
baixas
países muito pobres
altas
países desenvolvidos e alguns emergentes, em que se observa certa desconcentração urbano-industrial
do mundo
século VIII
3%
1950
29%
2010
52%
2050
67%

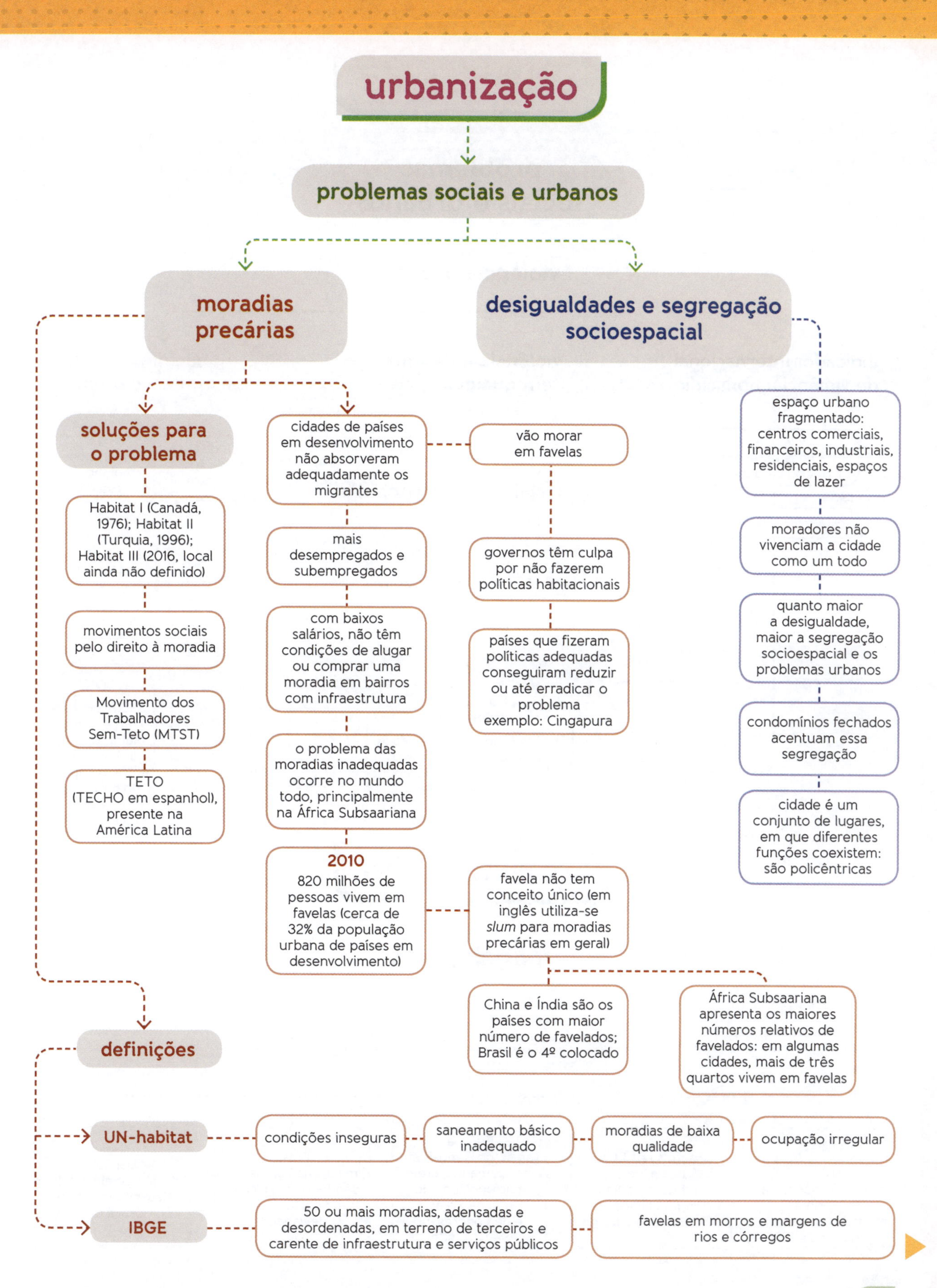
urbanização
problemas sociais e urbanos
moradias precárias
desigualdades e segregação socioespacial
soluções para o problema
Habitat I (Canadá, 1976); Habitat II (Turquia, 1996); Habitat III (2016, local ainda não definido)
movimentos sociais pelo direito à moradia
Movimento dos Trabalhadores Sem-Teto (MTST)
TETO (TECHO em espanhol), presente na América Latina
cidades de países em desenvolvimento não absorveram adequadamente os migrantes
mais desempregados e subempregados
com baixos salários, não têm condições de alugar ou comprar uma moradia em bairros com infraestrutura
o problema das moradias inadequadas ocorre no mundo todo, principalmente na África Subsaariana
2010
820 milhões de pessoas vivem em favelas (cerca de 32% da população urbana de países em desenvolvimento)
vão morar em favelas
governos têm culpa por não fazerem políticas habitacionais
países que fizeram políticas adequadas conseguiram reduzir ou até erradicar o problema exemplo: Cingapura
favela não tem conceito único (em inglês utiliza-se slum para moradias precárias em geral)
China e Índia são os países com maior número de favelados; Brasil é o 4º colocado
África Subsaariana apresenta os maiores números relativos de favelados: em algumas cidades, mais de três quartos vivem em favelas
espaço urbano fragmentado: centros comerciais, financeiros, industriais, residenciais, espaços de lazer
moradores não vivenciam a cidade como um todo
quanto maior a desigualdade, maior a segregação socioespacial e os problemas urbanos
condomínios fechados acentuam essa segregação
cidade é um conjunto de lugares, em que diferentes funções coexistem: são policêntricas
definições
UN-habitat
condições inseguras
saneamento básico inadequado
moradias de baixa qualidade
ocupação irregular
IBGE
50 ou mais moradias, adensadas e desordenadas, em terreno de terceiros e carente de infraestrutura e serviços públicos
favelas em morros e margens de rios e córregos

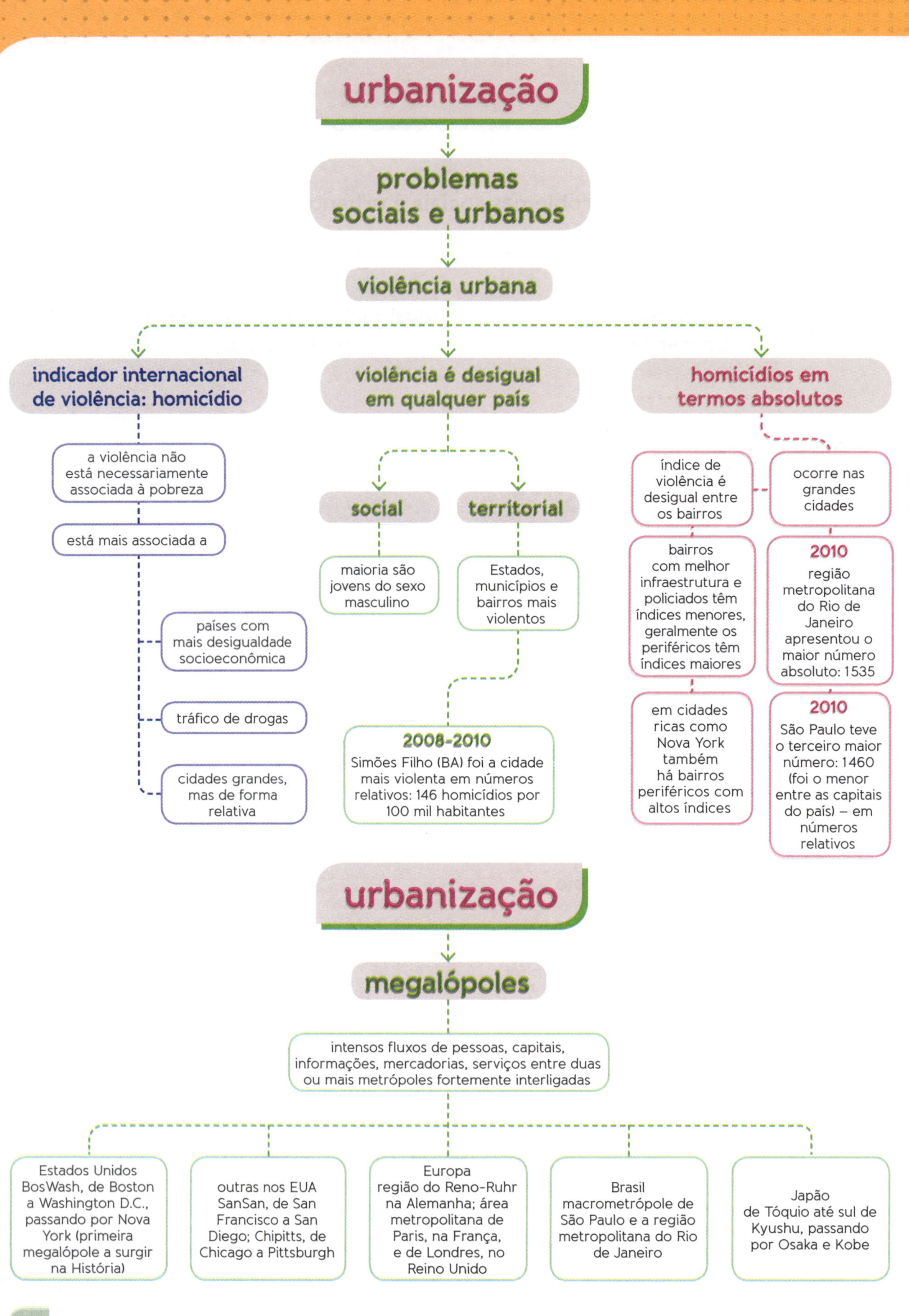
urbanização
problemas sociais e urbanos
violência urbana
indicador internacional de violência: homicídio
a violência não está necessariamente associada à pobreza
está mais associada a
países com mais desigualdade socioeconômica
tráfico de drogas
cidades grandes, mas de forma relativa
violência é desigual em qualquer país
social
maioria são jovens do sexo masculino
territorial
Estados, municípios e bairros mais violentos
2008-2010
Simões Filho (BA) foi a cidade mais violenta em números relativos: 146 homicídios por 100 mil habitantes
homicídios em termos absolutos
índice de violência é desigual entre os bairros
bairros com melhor infraestrutura e policiados têm índices menores, geralmente os periféricos têm índices maiores
em cidades ricas como Nova York também há bairros periféricos com altos índices
ocorre nas grandes cidades
2010
região metropolitana do Rio de Janeiro apresentou o maior número absoluto: 1535
2010
São Paulo teve o terceiro maior número: 1460 (foi o menor entre as capitais do país) – em números relativos
urbanização
megalópoles
intensos fluxos de pessoas, capitais, informações, mercadorias, serviços entre duas ou mais metrópoles fortemente interligadas
Estados Unidos BosWash, de Boston a Washington D.C., passando por Nova York (primeira megalópole a surgir na História)
outras nos EUA SanSan, de San Francisco a San Diego; Chipitts, de Chicago a Pittsburgh
Europa região do Reno-Ruhr na Alemanha; área metropolitana de Paris, na França, e de Londres, no Reino Unido
Brasil macrometrópole de São Paulo e a região metropolitana do Rio de Janeiro
Japão de Tóquio até sul de Kyushu, passando por Osaka e Kobe

Exercícios

Testes

1. (PUC-SP)

A cidade tem sido sempre o lugar da liberdade, um lugar de refúgio para os pobres e desenraizados. E para minorias de todos os tipos, que encontraram proteção na cidade [...] A diversidade de origem é uma constante da população das cidades. A cidade tem sido com frequência o espaço da coexistência e da mestiçagem. Isso não foi produzido sem dor e dificuldades. Porém, tem gerado sempre consequências positivas para as áreas urbanas e para o desenvolvimento da cultura em geral. Sempre nas cidades essa diversidade tem sido maior que nas áreas rurais, e maior nas grandes cidades do que nas pequenas. E tudo isso em todas as épocas, países e cultura.

Horacio Capel. Los inmigrantes en la ciudad. Crecimiento económico, innovación y conflicto social [Os imigrantes na cidade. Crescimento econômico, inovação e conflito social]. In: Scripta Nova. *Revista Electrónica de Geografía y Ciencias Sociales*. Barcelona: Universidad de Barcelona, n. 3, 1 de mayo de 1997. Disponível em: <www.ub.es/geocrit/sn-3.htm>. Acesso em: 11 ago. 2014. (tradução nossa).

Considerando o texto é correto afirmar que

a) é da natureza das grandes cidades a diversidade cultural e étnica, visto que não há grandes populações urbanas homogêneas, já que as cidades, em razão de suas múltiplas atividades e possibilidades, têm um poder de atração bastante abrangente.

b) grandes cidades, quanto mais desenvolvidas, notabilizam-se por terem populações homogêneas do ponto de vista étnico e cultural, isso porque há dificuldades para o desenvolvimento, quando se depende de relações entre pessoas muito diferentes.

c) a generosidade na recepção de imigrantes é uma condição que as cidades modernas perderam, na Europa, e também no Brasil, em vista dos encargos que os imigrantes impõem, sem retorno econômico equivalente.

d) as inevitáveis dificuldades de convivência nas cidades entre os imigrantes e os nativos agravam-se quando a imigração é estrangeira, pois se nacional ela é recebida sem preconceitos, como ocorre na metrópole de São Paulo.

e) o fenômeno migratório gerou nas cidades modernas muita riqueza econômica e cultural, mas atualmente isso não mais ocorre, pois a fase original de povoamento das grandes cidades já foi completada e atualmente elas não comportam novos contingentes populacionais.

2. (Unicamp-SP)

A metrópole industrial do passado integrava no espaço urbano diversos processos produtivos, ocorrendo uma concentração espacial das plantas de fábrica, da infraestrutura e dos trabalhadores. Na metrópole contemporânea predomina uma dispersão territorial das atividades econômicas e da força de trabalho. Nesta, a produção fabril tende a se instalar na periferia ou nos arredores do perímetro urbano, enquanto as atividades associadas ao poder financeiro, político e econômico concentram-se na área urbana mais adensada.

Adaptado de: Carlos de Matos. Redes, nodos e cidades: transformação da metrópole latino-americana. Em: Luiz Cesar de Queiroz Ribeiro (Org.). *Metrópoles*: entre a coesão e a fragmentação, a cooperação e o conflito. São Paulo: Editora Perseu Abramo; Rio de Janeiro: Fase, 2004, p. 157-196.

Como principal característica da metrópole contemporânea, destaca-se

a) a concentração da atividade industrial e das funções administrativas das empresas no mesmo local.

b) o aumento da densidade demográfica nas áreas do antigo centro histórico da metrópole.

c) a concentração do poder decisório da administração pública e das empresas em uma única área da metrópole.

d) a diversificação das atividades comerciais e de serviços na área do perímetro urbano.

3. (UEG-GO) Considerando o processo de urbanização no mundo atual, alguns termos como conurbação, metrópoles, região metropolitana, megalópoles, entre outros, tornaram-se muito familiares.
Sobre esses conceitos, é CORRETO afirmar:

a) metrópole é a superposição ou encontro de duas ou mais cidades próximas, em razão de seu crescimento desordenado, tanto horizontal quanto vertical.

b) conurbação é o conjunto de pequenos municípios que se organizam politicamente para juntos terem maior poder de negociações e obterem maiores benefícios do governo federal.

c) ao conjunto de áreas contíguas e integradas socioeconomicamente a uma cidade principal (metrópole), com serviços públicos e infraestrutura comum, denomina-se Região Metropolitana.

d) a cidade principal ou "cidade-mãe" que tem os melhores serviços e equipamentos urbanos do país, como escolas, hospitais, ônibus urbano, rede de água tratada, serviço de coleta de lixo e esgoto, entre outros, denomina-se megalópole.

4. (UFF-RJ) O espaço geográfico encontra-se organizado por meio de redes, que estabelecem nexos entre lugares mais ou menos distantes entre si, sobrepondo-se ao padrão da continuidade territorial.

Bacia leiteira hipotética

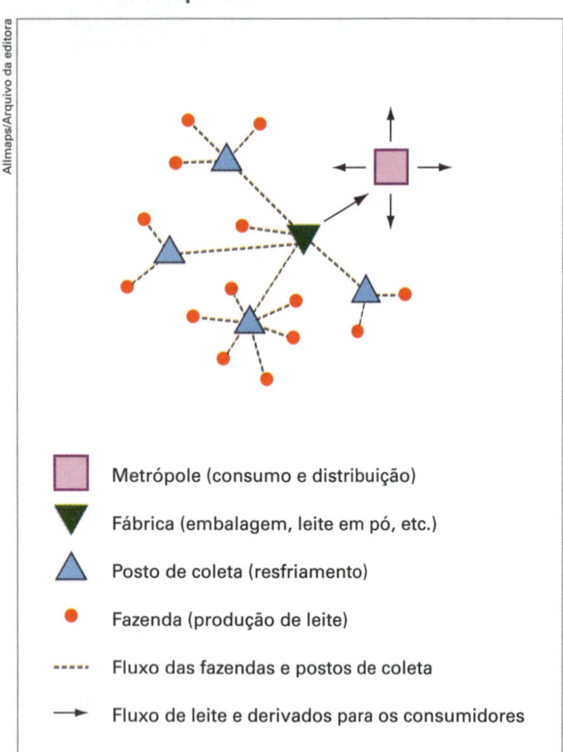

Bacia leiteira hipotética

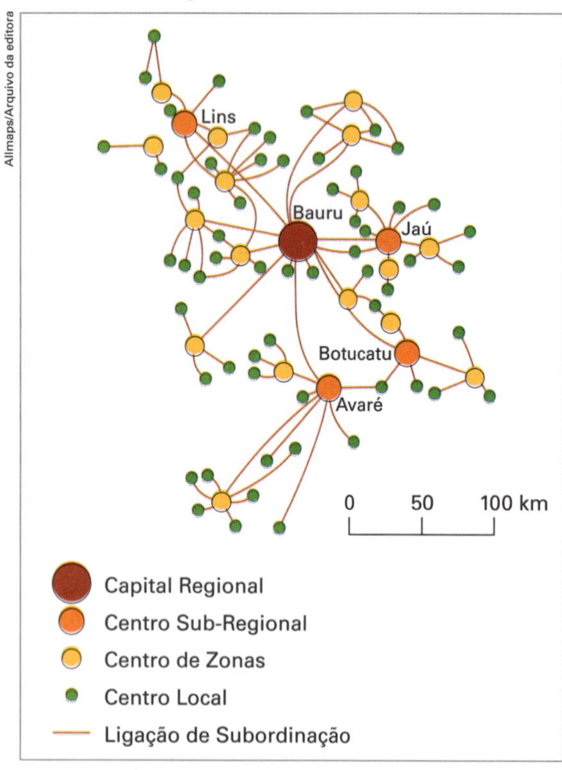

Gráficos: CORRÊA, R. *Esquemas (geo)gráficos*. Textos NEPEC, n. 4. Rio de Janeiro: UERJ, 2010. p. 14 e 23.

Os respectivos esquemas de tipos de rede apresentados enfatizam, mais diretamente, a seguinte característica da organização espacial:

a) hierarquia entre lugares.
b) desigualdade entre classes.
c) diferença entre escalas.
d) isolamento entre regiões.
e) concorrência entre produtores.

5. (UEL-PR) Leia o texto a seguir.

Segundo a Globalization and World Cities Study Group & Network, atualmente são reconhecidas mais de 50 cidades globais no planeta, divididas em três grupos, por grau de importância, Alfa, Beta e Gama.

Adaptado de: Infoescola. Cidades Globais. Disponível em: <http://www.brasilescola.com/geografia/cidades-globais.htm>. Acesso em: 11 ago. 2014.

Sobre o conceito de cidade global, assinale a alternativa correta.

a) Aplica-se à junção de duas ou mais metrópoles nacionais, com elevado tráfego urbano e aéreo internacionais.
b) Aplica-se às cidades em áreas de conurbação com os maiores Índices de Desenvolvimento Humano (IDH) do planeta.
c) Define-se por cidades que possuem elevados índices de emprego e renda e que atraem imigrantes de várias partes do mundo.
d) Refere-se aos centros de decisão e locais geográficos estratégicos, nos quais a economia mundial é planejada e administrada.
e) Refere-se a um conjunto de regiões metropolitanas, que formam áreas com maior número de população do planeta.

6. (Ufscar-SP) Com a acelerada urbanização da humanidade e o advento de gigantescas aglomerações urbanas, os especialistas no tema e as organizações internacionais logo criaram novos conceitos para dar conta dessas realidades. Dentre eles, existem os conceitos de "megalópole", "megacidade" e "cidade global". A respeito desses conceitos, seria correto afirmar que:

I. Megalópole é uma gigantesca aglomeração urbana, com mais de 10 milhões de habitantes e onde há conurbação de inúmeras cidades vizinhas.
II. Cidade global é uma imensa área urbana com uma população de, no mínimo, 10 milhões de habitantes.
III. Megacidade é uma gigantesca aglomeração urbana com, no mínimo, 10 milhões de habitantes.
IV. Megalópole é uma região superurbanizada onde, numa pequena extensão de um território nacional, se concentram várias cidades milionárias, que possuem uma vida econômica bastante interligada.

São verdadeiras as afirmativas:

a) I e II.
b) II e III.
c) III e IV.
d) I e IV.
e) II e IV.

7. (UFJF-MG) Leia o mapa abaixo.

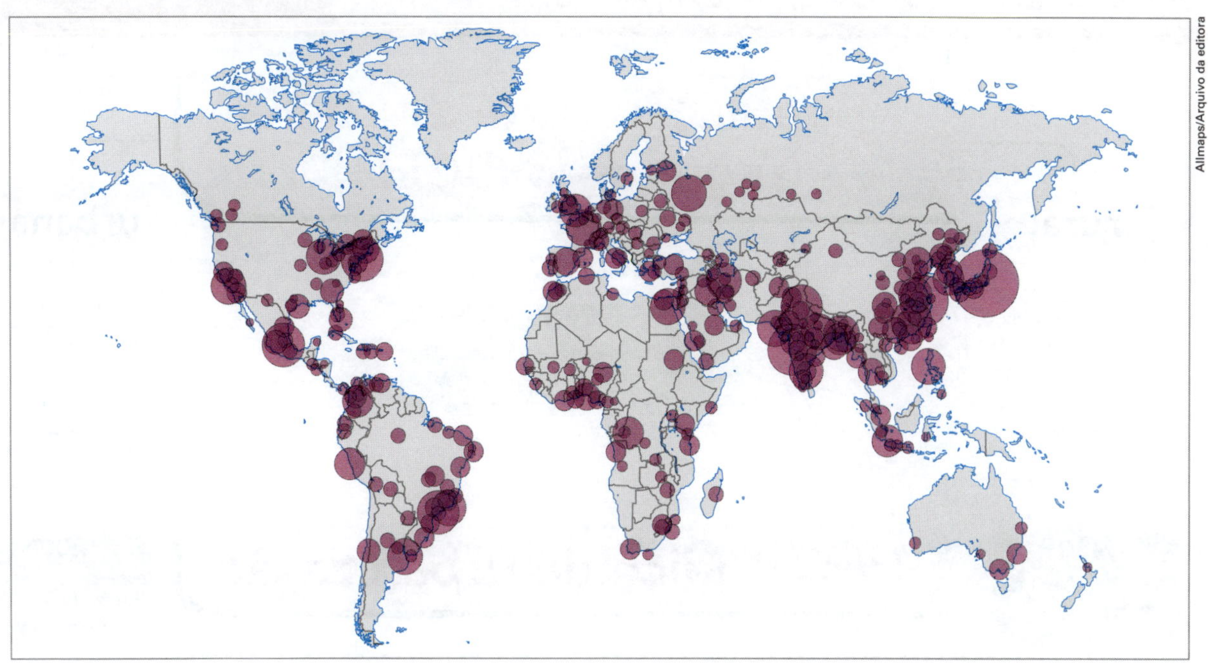

Adaptado de: <http://revistaepoca.globo.com>. Acesso em: 11 ago. 2014.

O título correto desse mapa é:

a) Cidades com mais de um milhão de habitantes.

b) Principais portos da rede do comércio internacional.

c) Regiões que estão sob o efeito do aquecimento global.

d) Número de computadores pessoais conectados à Internet.

e) Nível de escolaridade da população economicamente ativa.

Questão

8. (Unicamp-SP) Observe os esquemas abaixo.

Relações entre as cidades em uma rede urbana

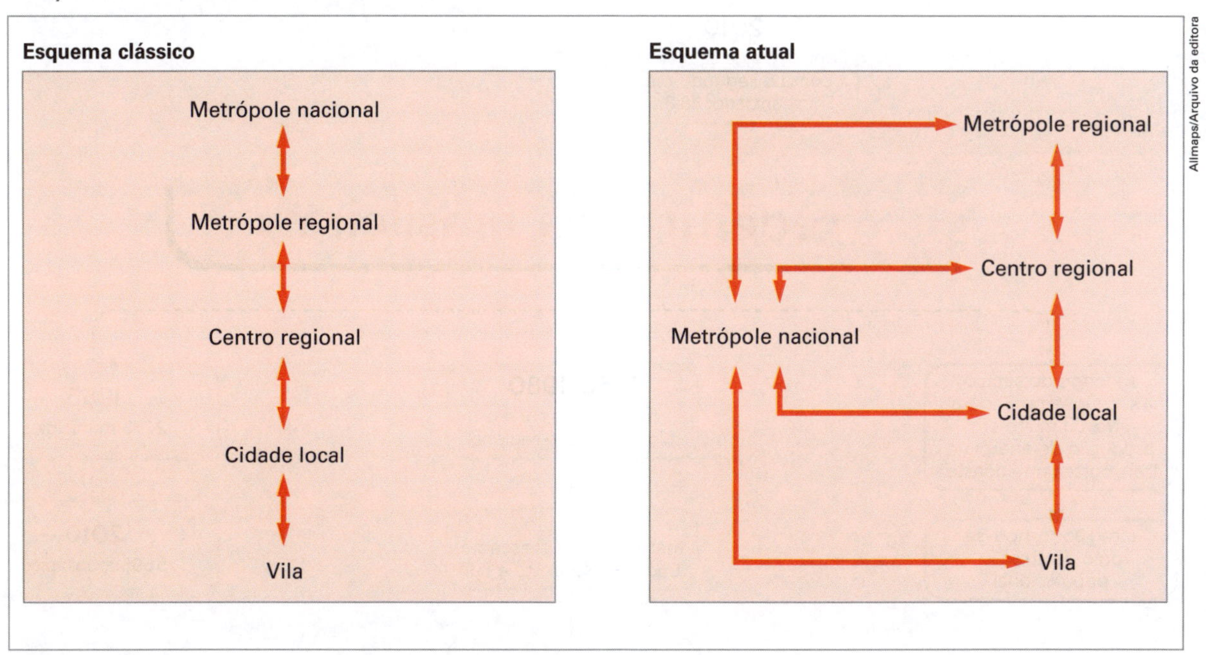

a) Explique como funciona o esquema clássico de rede urbana.

b) Como se justificam as novas formas de relações entre as cidades?

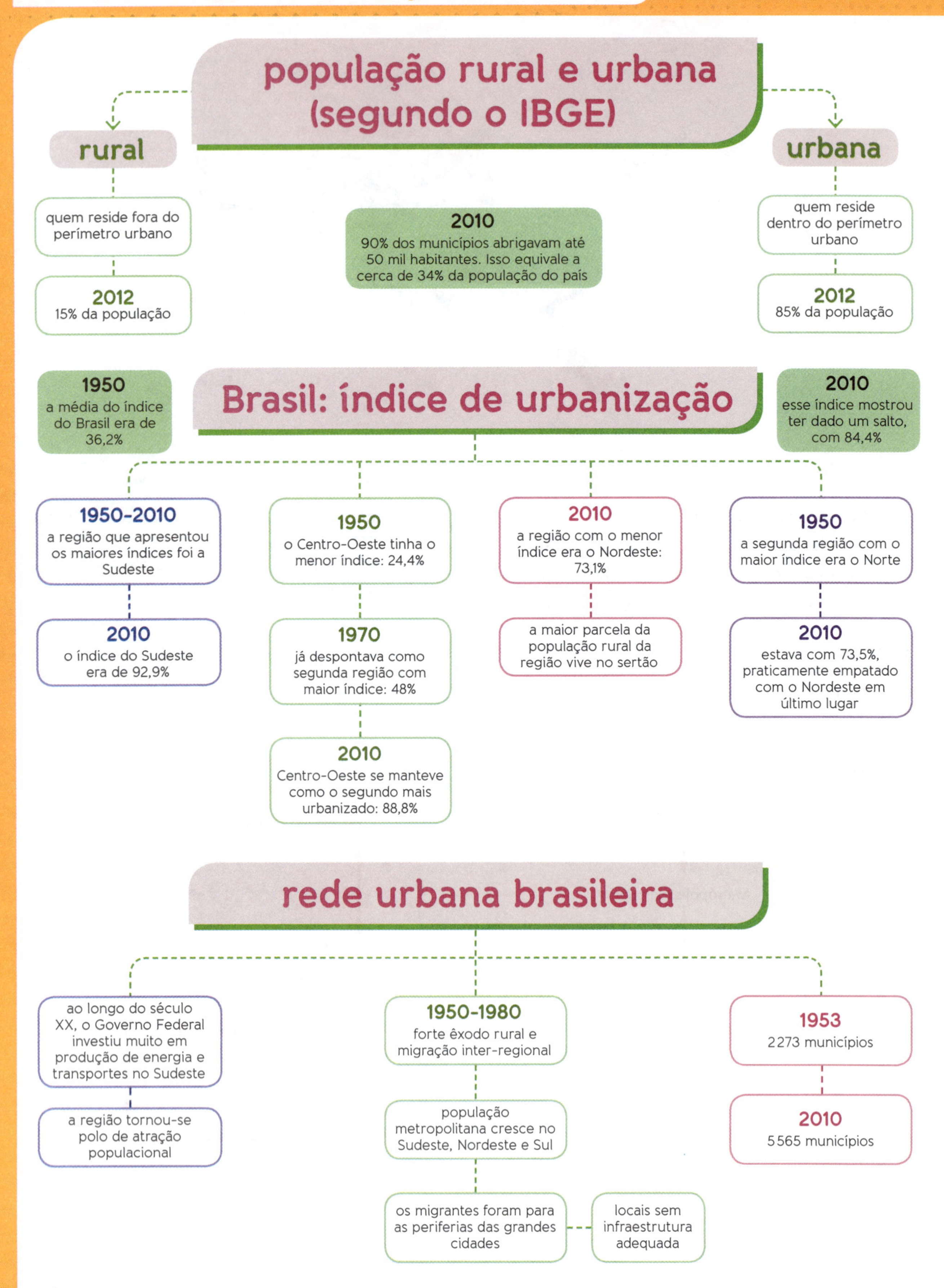
população rural e urbana (segundo o IBGE)
rural
quem reside fora do perímetro urbano
2012
15% da população
2010
90% dos municípios abrigavam até 50 mil habitantes. Isso equivale a cerca de 34% da população do país
urbana
quem reside dentro do perímetro urbano
2012
85% da população
1950
a média do índice do Brasil era de 36,2%
Brasil: índice de urbanização
2010
esse índice mostrou ter dado um salto, com 84,4%
1950-2010
a região que apresentou os maiores índices foi a Sudeste
2010
o índice do Sudeste era de 92,9%
1950
o Centro-Oeste tinha o menor índice: 24,4%
1970
já despontava como segunda região com maior índice: 48%
2010
Centro-Oeste se manteve como o segundo mais urbanizado: 88,8%
2010
a região com o menor índice era o Nordeste: 73,1%
a maior parcela da população rural da região vive no sertão
1950
a segunda região com o maior índice era o Norte
2010
estava com 73,5%, praticamente empatado com o Nordeste em último lugar
rede urbana brasileira
ao longo do século XX, o Governo Federal investiu muito em produção de energia e transportes no Sudeste
a região tornou-se polo de atração populacional
1950-1980
forte êxodo rural e migração inter-regional
população metropolitana cresce no Sudeste, Nordeste e Sul
os migrantes foram para as periferias das grandes cidades
locais sem infraestrutura adequada
1953
2273 municípios
2010
5565 municípios

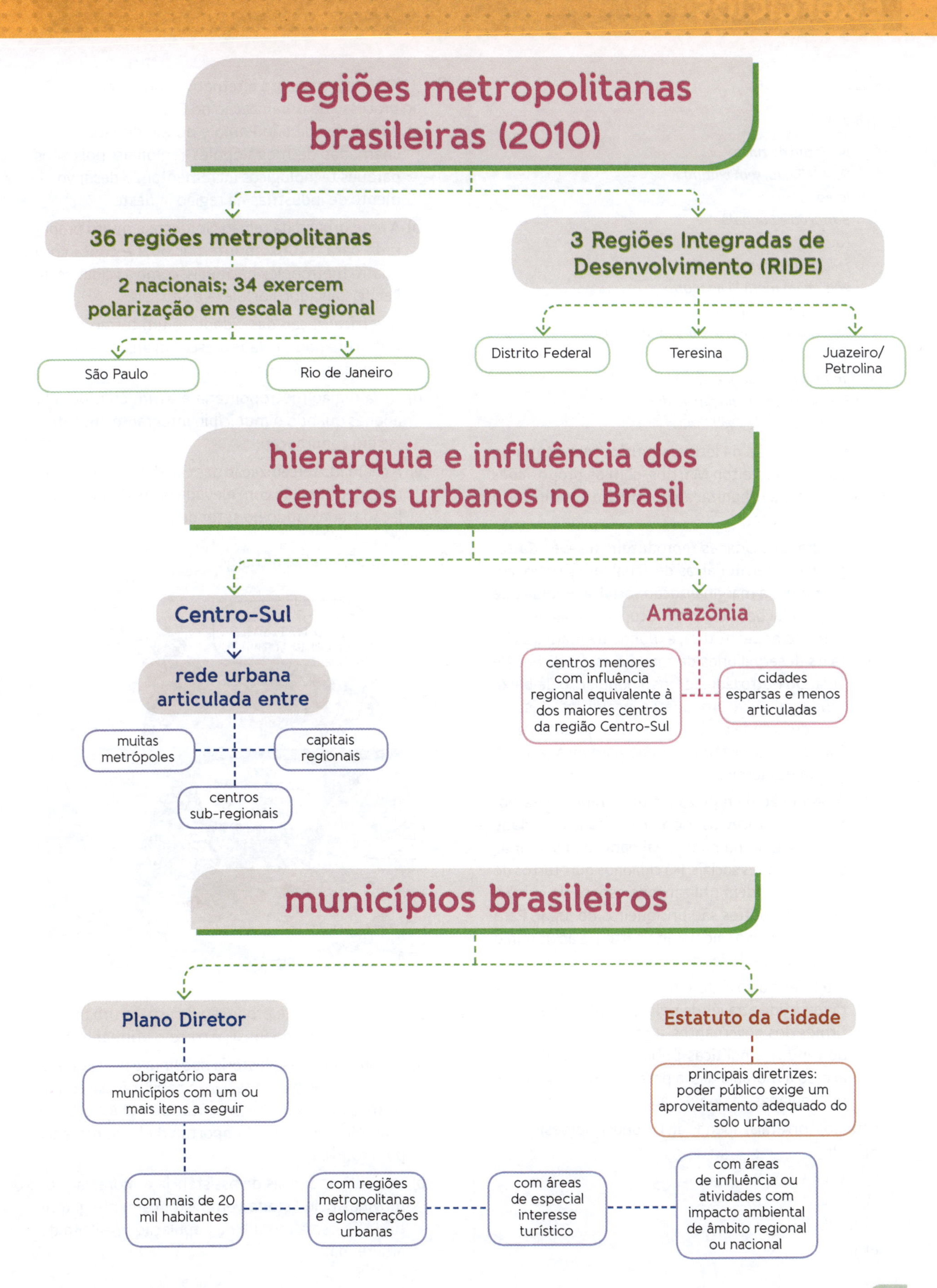

regiões metropolitanas brasileiras (2010)
36 regiões metropolitanas
2 nacionais; 34 exercem polarização em escala regional
São Paulo
Rio de Janeiro
3 Regiões Integradas de Desenvolvimento (RIDE)
Distrito Federal
Teresina
Juazeiro/ Petrolina
hierarquia e influência dos centros urbanos no Brasil
Centro-Sul
rede urbana articulada entre
muitas metrópoles
capitais regionais
centros sub-regionais
Amazônia
centros menores com influência regional equivalente à dos maiores centros da região Centro-Sul
cidades esparsas e menos articuladas
municípios brasileiros
Plano Diretor
obrigatório para municípios com um ou mais itens a seguir
com mais de 20 mil habitantes
com regiões metropolitanas e aglomerações urbanas
com áreas de especial interesse turístico
com áreas de influência ou atividades com impacto ambiental de âmbito regional ou nacional
Estatuto da Cidade
principais diretrizes: poder público exige um aproveitamento adequado do solo urbano

Exercícios

Testes

1. (UEPB)

Barracão de zinco
Sem telhado, sem pintura
lá no morro
Barracão é bangalô
Lá não existe
felicidade de arranha-céus
Pois quem mora lá no morro,
já vive pertinho do céu
Tem alvorada, tem passarada alvorecer
Sinfonia de pardais
anunciando o anoitecer
E o morro inteiro no fim do dia
Reza uma prece Ave Maria

Faça a correlação da letra da música "Ave Maria no morro", de Herivelton Martins, com as proposições que tratam da urbanização desigual, e identifique a resposta correta.

I. As grandes cidades reproduzem, através da segregação territorial, as desigualdades socioeconômicas e a marginalização social, à medida que as populações abastadas ocupam áreas nobres, com melhor estrutura, expondo de maneira clara os desequilíbrios de renda e as condições de vida. Do outro lado, temos a população de baixa renda, que vive em lugares insalubres, desprovida de grande parte dos serviços públicos e infraestrutura, distante dos equipamentos e serviços da modernidade.

II. A produção da riqueza e a disseminação da pobreza são processos sociais conectados. A cidade é a paisagem humana ideal para se observar as desigualdades sociais. Há cidadãos que, fartos de recursos, podem utilizar todo espaço da cidade, enquanto outros são prisioneiros do lugar. Para esses, possuir o solo urbano pertence ao domínio do sonho insatisfeito.

III. A tendência ao incremento da favelização só será revertida através de políticas públicas e ações firmes dos governantes, a partir da distribuição de rendas e políticas públicas que facilitem o acesso à moradia digna para as camadas menos privilegiadas da população.

Está(ão) correta(s) apenas a(s) proposição(ões):

a) I e II
b) I, II e IIII
c) I e III
d) II e III
e) III

2. (UFRGS-RS) Assinale a alternativa correta em relação ao processo de urbanização no Brasil.

a) As cidades de São Paulo e do Rio de Janeiro são chamadas de megalópoles regionais, pois seus parques tecnológicos incrementam o desenvolvimento de indústrias na região Sudeste.
b) A rede urbana da região Nordeste é muito preparada para o turismo internacional e conta com quatro metrópoles nacionais, como as cidades de Recife, Salvador, Fortaleza e São Luís.
c) A verticalização das cidades é um termo que se utiliza quando a cidade cresce em áreas de grande declividade do terreno.
d) Uma região metropolitana é assim considerada apenas quando o município integrante encontra-se em conurbação.
e) A chamada terceirização das cidades é o fenômeno de especialização com elevada parte da sua população trabalhando no setor de serviços.

3. (Unesp-SP) Analise a charge.

Jean Galvão/Folhapress

Sobre o processo de produção do espaço urbano e o acesso à moradia no Brasil, é correto afirmar que

a) ao longo de nossa história não houve necessidade de políticas específicas para a habitação, visto que o processo natural de produção do espaço urbano brasileiro vem criando oportunidade de moradia para todos.
b) as políticas sociais de assistência à moradia promovidas pelo Estado vêm historicamente garantindo acesso à moradia à população brasileira de alta renda.

c) a dinâmica de oferta de moradia, comandada pelo mercado imobiliário, vem proporcionando acesso à moradia para todas as classes sociais, inclusive àquelas de baixa renda.

d) o processo de urbanização, ao ser dado sob a lógica capitalista, produziu uma intensa especulação imobiliária, que vem restringindo o acesso à moradia para a população pobre.

e) os movimentos sociais que lutam por moradia nas cidades reivindicam um direito que não é previsto pela Constituição do país.

4. (UFPR) Uma reportagem publicada na revista *Veja* (ed. 2180, ano 43, n. 35, de 1º set. 2010, p. 76-77) e intitulada "A força das cidades médias" afirma que a cidade paranaense de Londrina é um exemplo do sucesso do interior do país. Segundo a revista, Londrina rompeu a barreira dos 500 000 habitantes em 2009. Deixou de ser, portanto, uma cidade média, para se tornar a irmã caçula das quarenta metrópoles nacionais – aquelas com mais de meio milhão de moradores.

Considerando o conteúdo tratado na reportagem sob a perspectiva geográfica, considere as seguintes afirmativas:

1. O crescimento populacional de Londrina na atualidade é explicado pelo elevado fluxo migratório de origem rural e destino urbano, também denominado êxodo rural.
2. A definição de uma metrópole se faz por meio do critério populacional. Toda cidade que atinge 500 mil habitantes é automaticamente elevada à categoria de metrópole.
3. Embora Londrina apareça no texto da reportagem identificada como uma metrópole nacional, ela é posicionada pelo IBGE (2008) no âmbito do REGIC (Região de Influência das Cidades) como uma Capital Regional.
4. A classificação dos centros urbanos de uma determinada rede urbana em diferentes níveis é denominada hierarquia urbana.

Assinale a alternativa correta.

a) Somente a afirmativa 2 é verdadeira.

b) Somente as afirmativas 3 e 4 são verdadeiras.

c) Somente as afirmativas 1, 3 e 4 são verdadeiras.

d) Somente as afirmativas 1 e 2 são verdadeiras.

e) As afirmativas 1, 2, 3 e 4 são verdadeiras.

5. (UESC) Em relação ao processo de urbanização e ao processo de terceirização, no Brasil, marque V nas afirmativas verdadeiras e F, nas falsas.

( ) A expansão urbana ocorreu de forma intensa e sem nenhuma preocupação com os ambientes naturais, provocando uma diminuição no bem-estar e na qualidade de vida nas cidades.

( ) A terceirização, processo característico do capitalismo planetário, reduz a margem de liberdade do trabalhador e os custos com a mão de obra e a matéria-prima.

( ) A urbanização de Brasília caracteriza-se pela descontinuidade de seu tecido metropolitano, como resultado do surgimento e da ampliação do meio técnico-científico-informacional.

( ) O crescimento urbano tem minimizado a exclusão e a desigualdade social, visto que as metrópoles passaram a oferecer maiores oportunidades de emprego informal e renda.

A alternativa que indica a sequência correta, de cima para baixo, é a

a) V – F – V – F.

b) F – V – V – F.

c) V – F – F – V.

d) V – V – V – F.

e) F – F – V – V.

6. (UFU-MG) A figura abaixo representa o processo de conurbação.

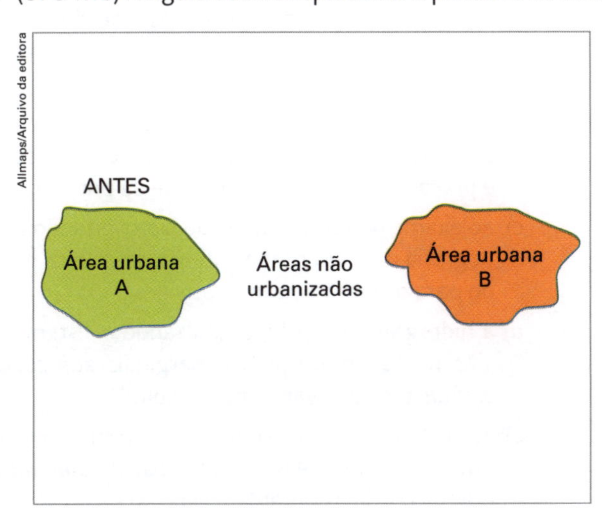

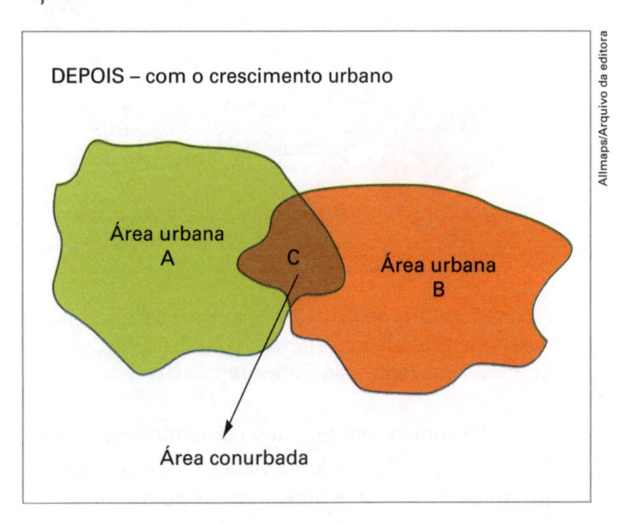

Analise as afirmações abaixo.

I. A conurbação ocorre quando há a superposição ou o encontro de duas ou mais cidades próximas devido ao seu crescimento. Para ocorrer esse processo, as duas cidades devem ter, necessariamente, o mesmo tamanho e a mesma densidade populacional.

II. O êxodo rural pode ser considerado um dos fatores que contribuem para o surgimento do processo de conurbação, pois provoca a expansão dos grandes centros urbanos.

III. O processo de conurbação, em geral, dá origem à formação de regiões metropolitanas, como por exemplo a região metropolitana de São Paulo e Rio de Janeiro.

IV. Conurbação é o nome dado para o crescimento de duas ou mais cidades vizinhas, que acabam por formar um único aglomerado urbano, no qual, em geral, há uma cidade principal e uma (ou mais de uma) cidade-satélite.

Assinale a alternativa que apresenta as afirmativas corretas.

a) Apenas I, II e IV.

b) Apenas II, III e IV.

c) Apenas II e III.

d) Apenas I e IV.

7. (UERJ)

Edra/Acervo do cartunista

Disponível em: <chargesdoedra.blogspot.com.br>. Acesso em: 11 ago. 2014.

A Zona Portuária do Rio de Janeiro vem recebendo muitos investimentos públicos e privados com o objetivo de promover sua renovação física e funcional.

Considerando a charge, a nova dinâmica espacial pode ter a seguinte consequência sobre o processo de urbanização nessa região da metrópole carioca:

a) mudança do perfil social

b) degradação do setor comercial

c) aumento da atividade industrial

d) redução da acessibilidade viária

8. (UFG-GO) Analise a imagem a seguir.

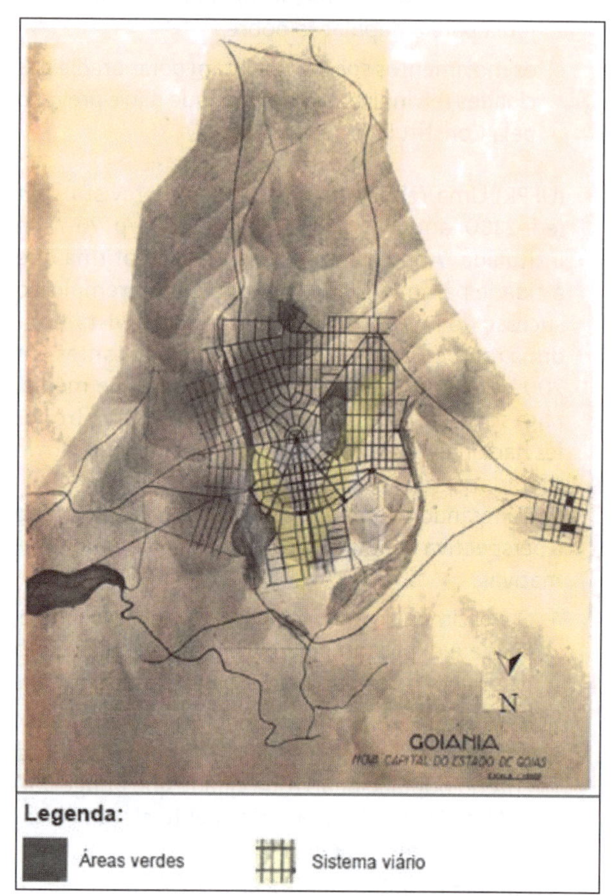

Adaptado de: PIRES, Jacira Rosa. *La ciudad premoderna del Cerrado* (Tesis dectoral). Barcelona, Espanha: Universitat Politecnica de Catalunya, 2008.

A imagem do plano original de Goiânia foi desenvolvida por Atílio Corrêa Lima, a partir de 1935. Para a confecção do desenho, o urbanista recorreu

a) à orientação religiosa local, destacando formas que enfatizavam o vínculo da nova capital com o cristianismo, como a cruz e o triângulo.

b) à cultura política regional, aludindo aos princípios do igualitarismo com a uniformização das quadras e praças voltadas à sociabilidade da população.

c) ao exame do relevo da região, aproveitando a topografia para orientar o sistema viário local dirigido para o centro administrativo.

d) à hidrografia do sítio, organizando o sistema de vias na forma de pistas marginais aos cursos d'água que cortavam a nova capital.

e) ao clima local, projetando na região sul da cidade um sistema de áreas verdes capaz de atenuar os efeitos térmicos durante a estação seca.

9. (UFSJ-MG) Observe a imagem, obtida no Google, sobre a região de Cachoeira do Campo, próxima a Itabirito (MG). A imagem apresenta elementos resultantes da interação entre a ocupação antrópica do solo e as condições físicas do relevo.

Sobre essa interação, é **INCORRETO** afirmar que

a) a ocupação do relevo com loteamentos, edificações e arruamento é um processo lento, portanto não representa problemas ambientais para a sociedade.

b) loteamentos sem planejamento e sem infraestrutura sobre morros e encostas constituem prática comum em muitas cidades mineiras.

c) cicatrizes erosivas podem ocorrer em áreas urbanas e rurais, como resultado de processos de origem antrópica ou naturais.

d) loteamentos clandestinos estão presentes em várias cidades brasileiras e apresentam sempre algum tipo de problema socioambiental.

10. (Mack-SP) Observe a ilustração.

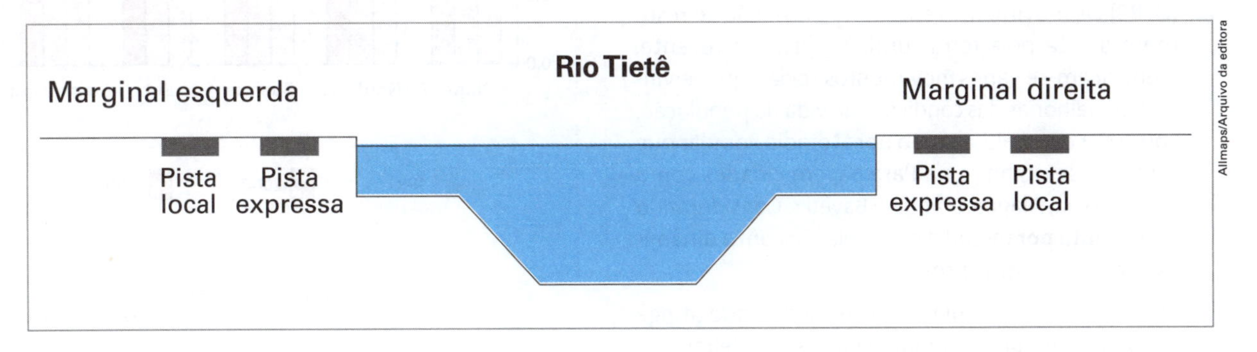

Com base na observação da figura e no processo de ocupação e de uso do solo da região metropolitana de São Paulo, considere os itens I, II, III e IV a seguir.

I. A construção de vias de grande fluxo, em fundo de vale, foi uma decisão acertada do ponto de vista socioambiental, pois viabilizou a circulação em terrenos aplanados, com reduzidos impactos na cidade.

II. A ocupação da várzea do rio Tietê foi acompanhada pela especulação imobiliária, que avançou sobre áreas naturais de transbordamento do rio. Isso agravou o problema das enchentes, por ocasião das chuvas de verão.

III. A construção de avenidas marginais ao longo da várzea do rio Tietê foi feita com grande preocupação socioambiental. Contudo, a falta de cuidados da população, que insiste em depositar lixo nas vias públicas, constitui a causa maior dos problemas com enchentes da cidade de São Paulo.

IV. Somam-se à ocupação inadequada da várzea do rio Tietê problemas como o assoreamento, a impermeabilização dos solos e a remoção da vegetação na cidade. Esses fatores, combinados, reduzem a capacidade de absorção das águas pluviais, aumentam a velocidade de escoamento e comprometem a capacidade de vazão do rio, o que favorece enchentes na cidade.

Estão corretas apenas

a) I e II.
b) II e III.
c) I e III.
d) III e IV.
e) II e IV.

11. (FGV-SP) De acordo com o IBGE, em 2010, aproximadamente 6% da população brasileira morava nos aglomerados subnormais, conceito que abarca uma grande diversidade de assentamentos urbanos irregulares, conhecidos como invasão, grota, favela, mocambo, palafita, entre outros.
Sobre os aglomerados subnormais, considere as seguintes afirmações:

I. As regiões metropolitanas, polos econômicos e de emprego, concentram mais de 70% dos aglomerados subnormais brasileiros.

II. Na maior parte dos casos, os aglomerados subnormais ocupam áreas menos propícias à urbanização, que variam de acordo com as características do sítio urbano.

III. Dentre as regiões metropolitanas, São Paulo e Rio de Janeiro apresentam a maior proporção de pessoas residentes em aglomerações subnormais em relação à população total.

IV. Na maior parte dos casos, os aglomerados subnormais se distribuíam de maneira uniforme nos municípios das regiões metropolitanas.

Está correto apenas o que se afirma em

a) I e II.
b) I e IV.
c) I, II, III e IV.
d) II e III.
e) III e IV.

12. (UFPB) Os movimentos sociais no Brasil não se resumem à luta pela terra rural. Na história recente, identificam-se vários movimentos sociais que reivindicam melhorias das condições de vida da população, como por exemplo, a União por Moradia Popular que também se organiza na Paraíba, em cidades como João Pessoa, Alagoa Grande e Bayeux. Considerando o tema **luta por moradia** e sua relação com a dinâmica social, é correto afirmar:

a) O déficit de moradia é uma realidade que atinge todas as médias e grandes cidades brasileiras, onde se encontram os Movimentos de Sem Teto, que reúnem representantes de todas as classes sociais.

b) A falta de moradias é uma realidade que atinge somente as grandes cidades, devido ao seu desenvolvimento industrial e, consequentemente, ao grande fluxo migratório do interior para as capitais dos estados.

c) O projeto do Governo Federal "Minha Casa, Minha Vida" é uma importante política de habitação popular que visa distribuir, gratuitamente, casas aos moradores de rua e de favelas.

d) A história da urbanização brasileira mostra formas desiguais e segregacionistas de organização do espaço urbano, bem como exprime as diferenças entre classes sociais.

e) O Movimento de Sem Teto é caracterizado pela luta por moradia, pela implantação de postos de saúde e pela ampliação e democratização das empresas imobiliárias privadas.

13. (FGV-RJ) Observe o gráfico:

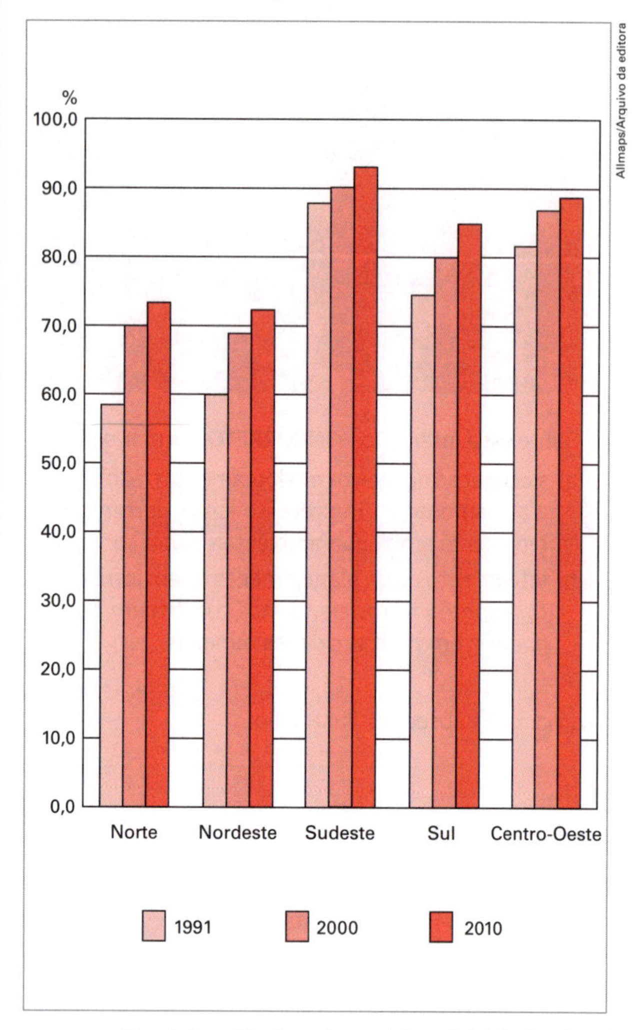

Disponível em: <http://www.ibge.gov.br/home/estatistica/populacao/censo2010/sinopse/sinopse_tab_bras>.

Sobre os fatores relacionados ao processo de urbanização nas regiões brasileiras, assinale a alternativa correta:

a) A urbanização é mais lenta nas regiões onde predomina a agricultura de alta intensidade técnica.

b) Na região Norte, o processo de urbanização é a principal causa do desmatamento.

c) Na região Centro-Oeste, a urbanização é alimentada pelo êxodo rural resultante da crise do setor agrícola.

d) No Sudeste, o elevado grau de urbanização é um reflexo da baixa produtividade do setor agrícola.

e) No Sul, a urbanização foi impulsionada pela concentração da propriedade fundiária e pela modernização técnica da agricultura.

14. (ESPM-SP) Observe o mapa de centralidade nacional.

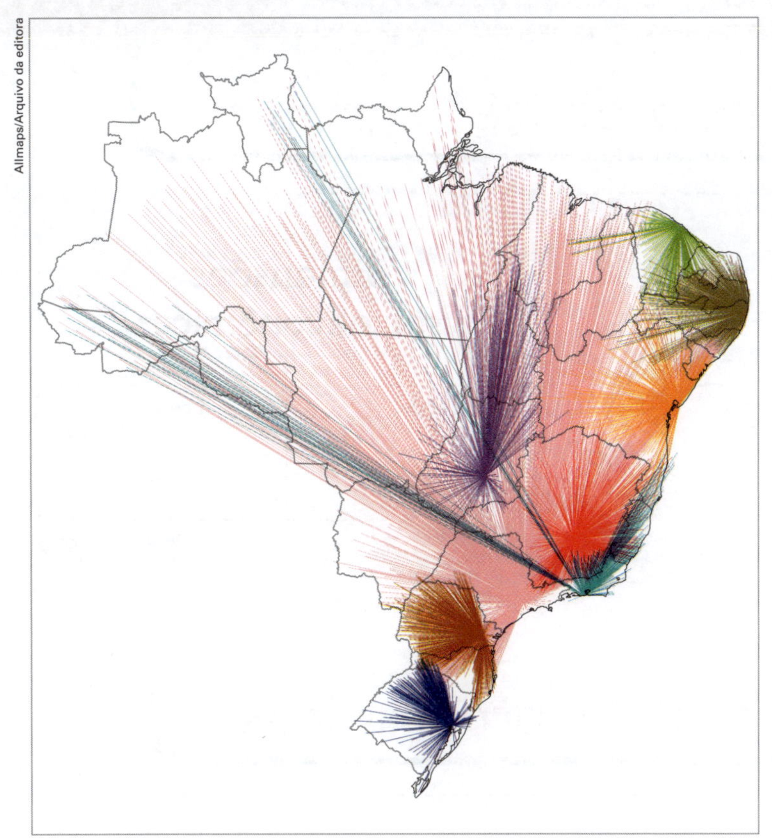
Allmaps/Arquivo da editora

Hervé Thery & Neili A. Mello. *Atlas do Brasil*. São Paulo: Edusp, 2009.

Dele podemos interpretar que:

a) O poder territorial de atração regional está centrado em algumas grandes metrópoles; já a polarização nacional, em duas.

b) O crescimento das cidades médias verificado nos últimos anos alterou a tradicional área de polarização e agora cidades do interior também exercem a polarização regional.

c) Não há metrópole com poder de centralidade nas regiões Nordeste, Norte e Centro-Oeste.

d) A região Sudeste é a única que apresenta metrópoles com poder de polarização regional, como São Paulo e Rio de Janeiro.

e) O poder de centralidade máxima verifica-se em todas as regiões brasileiras.

15. (UFSJ-MG)

Quem, de avião, deixa o aeroporto de Congonhas, situado ao sul da cidade, em demanda do norte, tem oportunidade de observar (...) um Espigão Central, alongado e estreito divisor de águas entre as bacias do Tietê e do Pinheiros. Nada mais é do que uma plataforma interfluvial, disposta em forma de uma irregular abóboda ravinada, cujos flancos decaem para NE e SW, em patamares escalonados, até atingir as vastas calhas aluviais, de fundo achatado, por onde correm as águas do Tietê e do Pinheiros. A avenida Paulista superpõe exatamente ao eixo principal desse espigão, enquanto o interminável casario dos bairros recobre seus dois flancos.

Aziz Ab'Sáber. Disponível em: <http://www.rc.unesp.br/igce/simpgeo/562-577alans.pdf>. Acesso em: 1º set. 2012.

O texto acima faz uma referência

a) à metropolização da cidade que avança na direção NE/SW.

b) à conurbação entre a cidade de São Paulo e áreas urbanas do seu entorno.

c) ao sítio urbano de parte da cidade de São Paulo.

d) ao marco zero, a partir do qual a cidade se originou.

16. (UFTM-MG)

A violência urbana é um dos principais problemas que o homem enfrenta na atualidade. É, em diferentes níveis, comum em muitos países do mundo. De acordo com Pedrazzini (2006), os franceses, por exemplo, já não dissociam a "insegurança" dos espaços públicos. No âmbito da temática da violência encontra-se sua face ilegal: a criminalidade. Por se tratar de um desafio crescentemente significativo na sociedade atual, algumas modalidades do crime podem provocar modificações espaciais e no comportamento das pessoas.

Adaptado de: Lucia Gerardi e Silvia Ortigoza (Org.). *Temas da geografia contemporânea*, 2009.

A temática abordada no texto relaciona a violência urbana às modificações espaciais no espaço urbano. Assinale a alternativa que indica um exemplo de correlação.

a) Construção de estações de metrô.

b) Ocupação das margens dos rios.

c) Ocupação de áreas com grandes declividades.

d) Construção de vias de trânsito rápido.

e) Construção de condomínios fechados.

Questão

17. (UFPR) As primeiras regiões metropolitanas foram criadas, no Brasil, no ano de 1974, justificadas pela necessidade de planejamento desses espaços. Explique o que é Região Metropolitana e, citando uma em particular, aponte alguns dos seus problemas de planejamento.

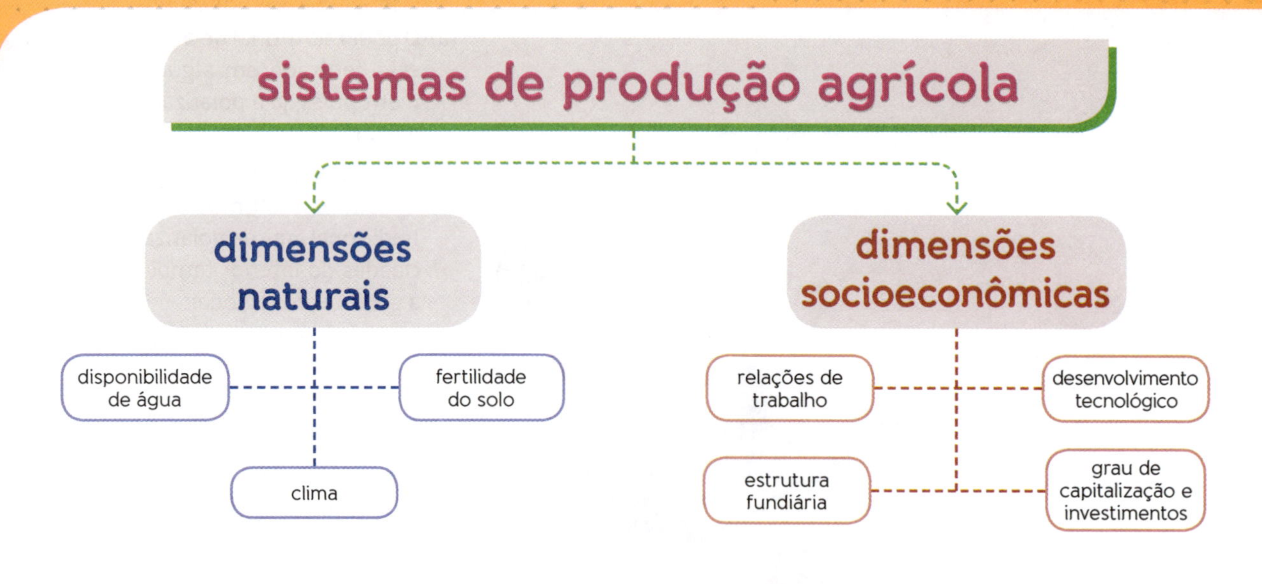
sistemas de produção agrícola
dimensões naturais
disponibilidade de água
fertilidade do solo
clima
dimensões socioeconômicas
relações de trabalho
desenvolvimento tecnológico
estrutura fundiária
grau de capitalização e investimentos

produtividade nas propriedades
agricultura intensiva
alta produtividade
pecuária
intensiva
extensiva
avaliada pelo número de cabeças por hectare
agricultura extensiva
baixa produtividade
por causa dos baixos investimentos e do uso de técnicas rudimentares

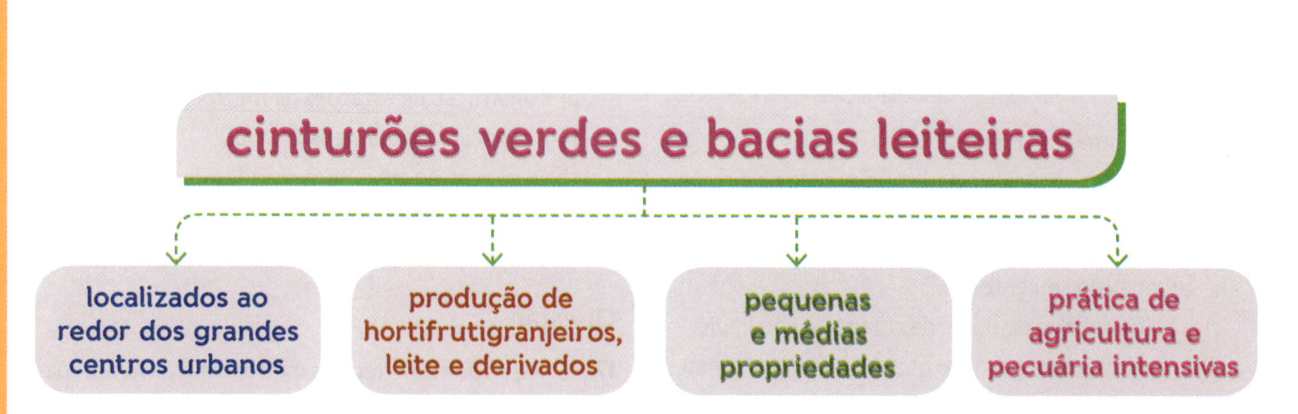
cinturões verdes e bacias leiteiras
localizados ao redor dos grandes centros urbanos
produção de hortifrutigranjeiros, leite e derivados
pequenas e médias propriedades
prática de agricultura e pecuária intensivas

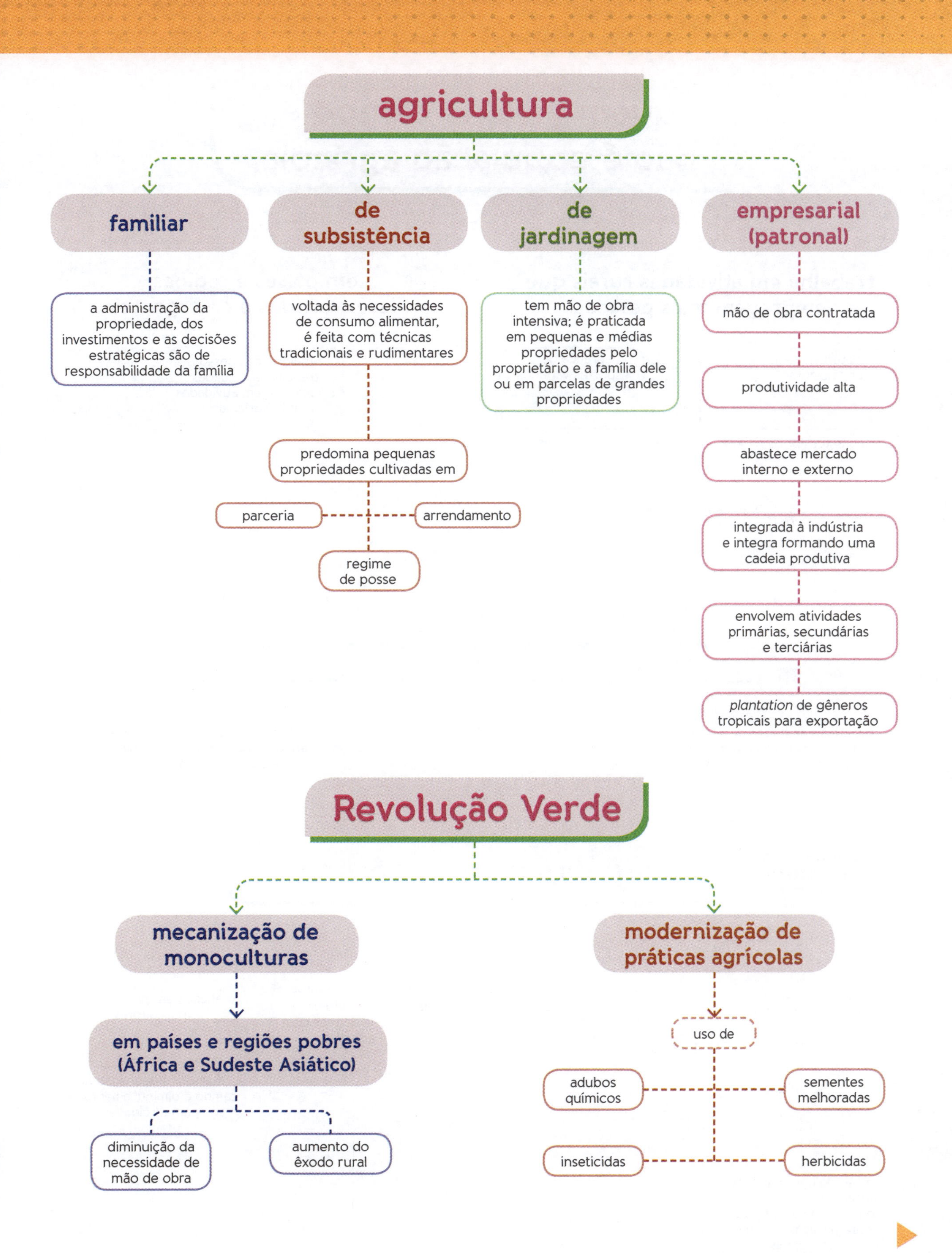
agricultura
familiar
a administração da propriedade, dos investimentos e as decisões estratégicas são de responsabilidade da família
de subsistência
voltada às necessidades de consumo alimentar, é feita com técnicas tradicionais e rudimentares
predomina pequenas propriedades cultivadas em
parceria
arrendamento
regime de posse
de jardinagem
tem mão de obra intensiva; é praticada em pequenas e médias propriedades pelo proprietário e a família dele ou em parcelas de grandes propriedades
empresarial (patronal)
mão de obra contratada
produtividade alta
abastece mercado interno e externo
integrada à indústria e integra formando uma cadeia produtiva
envolvem atividades primárias, secundárias e terciárias
plantation de gêneros tropicais para exportação
Revolução Verde
mecanização de monoculturas
em países e regiões pobres (África e Sudeste Asiático)
diminuição da necessidade de mão de obra
aumento do êxodo rural
modernização de práticas agrícolas
uso de
adubos químicos
sementes melhoradas
inseticidas
herbicidas

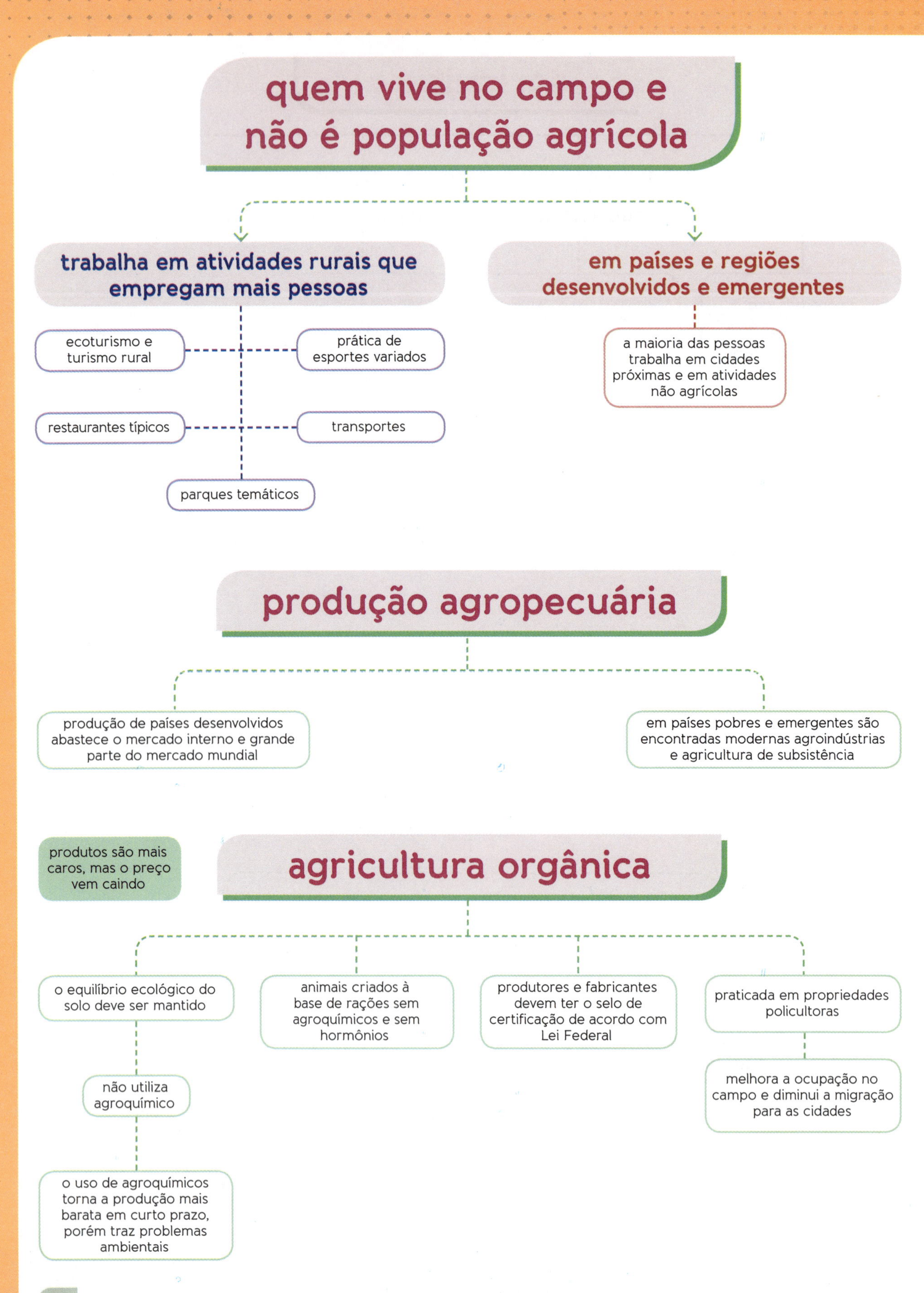
quem vive no campo e não é população agrícola
trabalha em atividades rurais que empregam mais pessoas
ecoturismo e turismo rural
prática de esportes variados
restaurantes típicos
transportes
parques temáticos
em países e regiões desenvolvidos e emergentes
a maioria das pessoas trabalha em cidades próximas e em atividades não agrícolas
produção agropecuária
produção de países desenvolvidos abastece o mercado interno e grande parte do mercado mundial
em países pobres e emergentes são encontradas modernas agroindústrias e agricultura de subsistência
produtos são mais caros, mas o preço vem caindo
agricultura orgânica
o equilíbrio ecológico do solo deve ser mantido
não utiliza agroquímico
o uso de agroquímicos torna a produção mais barata em curto prazo, porém traz problemas ambientais
animais criados à base de rações sem agroquímicos e sem hormônios
produtores e fabricantes devem ter o selo de certificação de acordo com Lei Federal
praticada em propriedades policultoras
melhora a ocupação no campo e diminui a migração para as cidades

biotecnologia

o que faz

adapta ou aprimora características de animais ou vegetais para aumentar a produção e melhorar a qualidade

na década de 1990, é iniciada a produção de organismos geneticamente modificados (OGMs), os transgênicos

consequências

- diminuição do uso de agrotóxicos
- redução de custos e danos ambientais
- plantas resistentes a pragas e herbicidas
- monopólio do controle das sementes
- aumento da produtividade

no Brasil

a Comissão Técnica Nacional de Biossegurança (CTNBio) é quem fiscaliza os transgênicos

Lei de Biossegurança (Lei 1.105, de 24 de março de 2005) exige a identificação do uso de transgênicos na embalagem dos alimentos para que o consumidor possa escolher

no mundo

Em 2001, a OMS afirma que os transgênicos comercializados não fazem mal à saúde e contribuem para a preservação do meio ambiente. A ONU apoia

Ana Araújo/Arquivo da editora

Fabio Colombini/Acervo do fotógrafo

Fabio Colombini/Acervo do fotógrafo

Exercícios

Testes

1. (UFU-MG) Observe as afirmações sobre a produção agropecuária e as novas relações cidade-campo.

   I. A grande evolução tecnológica ocorrida com a Revolução Industrial propiciou o aumento da produção, a transição da manufatura para a indústria e a ampliação da divisão do trabalho. A industrialização consolidou a sociedade rural baseada em unidades produtivas autônomas e a subordinação da cidade ao campo, dando lugar a uma sociedade tipicamente rural.

   II. Nos países desenvolvidos e industrializados, a produção agrícola foi intensificada por meio da modernização das técnicas empregadas, utilizando cada vez menos mão de obra. Enquanto isso, nos países subdesenvolvidos, as regiões agrícolas, principais responsáveis pelo abastecimento do mercado externo, passam por semelhante processo de modernização das técnicas de cultivo e colheita, mas, aliado a isso, tem-se o êxodo rural acelerado, que promove a expulsão dos trabalhadores agrícolas para as periferias das grandes cidades.

   III. De acordo com o grau de capitalização e o índice de produtividade, a produção agropecuária pode ser classificada em intensiva ou extensiva. A agropecuária intensiva ocorre nas propriedades que utilizam técnicas rudimentares, com baixo índice de exploração da terra e, consequentemente, alcançam baixos índices de produtividade. Já as propriedades que adotam modernas técnicas de preparo do solo, cultivo, colheita e apresentam elevados índices de produtividade são classificadas em extensiva.

   IV. Atualmente, observa-se a tendência à grande penetração do capital agroindustrial no campo, tanto nos setores voltados ao mercado externo quanto ao mercado interno. Nesse sentido, verifica-se que a produção agrícola tradicional tende a se especializar não para concorrer com o mais forte, mas para produzir a matéria-prima utilizada pela agroindústria.

   Assinale a alternativa que apresenta as afirmações corretas.

   a) Apenas II e III.
   b) Apenas I, II e III.
   c) Apenas I, III e IV.
   d) Apenas II e IV.

2. (UEM-PR) Sobre o meio rural e suas transformações, assinale o que for correto.

   (01) A partir do século XVIII, no período da Revolução Industrial, o aperfeiçoamento de instrumentos e técnicas de cultivo, tais como arado de aço e adubos, permitiu o aumento da produtividade agrícola, originando a agricultura moderna.

   (02) Ainda que a inovação tecnológica tenha determinado ganhos de produtividade com o crescimento da produção por área e ampliado os limites das áreas agrícolas, o desenvolvimento da produção rural ainda hoje necessita de grandes extensões de terras com condições climáticas e solos favoráveis.

   (04) Procedimentos técnicos, como a adubação e a irrigação e drenagem, têm diminuído a dependência da agricultura do meio natural. Entretanto, a difusão dessas inovações pelo espaço mundial é irregular, tornando o meio rural muito diversificado.

   (08) Na agropecuária extensiva, são utilizadas pequenas extensões de terras, podendo ser mantidas vastas áreas naturais preservadas. Há o predomínio do capital, uma vez que apresenta grande mecanização e a mão de obra utilizada é bem qualificada.

   (16) O *plantation* é um sistema agrícola típico de países desenvolvidos. As suas características atuais são: o minifúndio (pequenas propriedades rurais), policultura (cultivo de vários produtos agrícolas) e mão de obra qualificada.

3. (UEPG-PR) A respeito dos limites naturais do espaço agrário, assinale o que for correto.

   (01) As plantas cultivadas, assim como os seres vivos, possuem cada qual o seu hábitat, com destaque para as condições climáticas, além da altitude aliada à latitude como fator limitante para determinadas culturas.

   (02) Algumas culturas são típicas de climas tropicais, como arroz, milho, cana-de-açúcar, café, algodão e cacau, e outras são características de climas temperados, como trigo, aveia, maçã e beterraba; porém a distinção não é rígida, pois há plantas que possuem ampla capacidade de adaptação, a exemplo do arroz e do fumo que, embora sejam tropicais, podem ser cultivadas durante o verão nas regiões subtropicais.

   (04) A umidade é um fator de extrema importância na agricultura, pois tanto a aridez quanto o excesso de chuvas podem comprometer o cultivo.

   (08) Os limites edáficos são aqueles que restringem o uso agrícola da terra por problemas, como excesso

de salinidade, solos pouco profundos, baixa fertilidade natural ou solos encharcados.

(16) O relevo não interfere nas atividades agrárias, pois a topografia não interfere na profundidade dos solos, na utilização de máquinas agrícolas e nem na diversidade de produtos cultivados.

4. (Aman-RJ) Sobre a Revolução Verde e seus efeitos na agricultura dos países subdesenvolvidos, podemos afirmar que:

I. conseguiu melhorar a produtividade e reduzir as quebras de safra causadas por enchentes ou pragas.

II. ampliou o emprego intensivo de trabalho humano, reduzindo drasticamente o êxodo rural.

III. deflagrou processos de valorização das terras e de concentração fundiária.

IV. incentivou a policultura e a difusão de práticas tradicionais da agricultura de subsistência como a coivara e a rotação de terras.

V. exigiu maior capitalização dos agricultores e maior especialização da força de trabalho.

Assinale a alternativa que apresenta todas as afirmativas corretas.

a) I e IV
b) II e IV
c) I, II e V
d) I, III e V
e) II, III e IV

5. (UFF-RJ) A Revolução Verde, implementada em países latino-americanos e asiáticos nos anos 1960 e 1970, tinha como objetivo suprimir a fome e reduzir a pobreza de amplas parcelas da população. Entretanto, as promessas de modernização tecnológica da agricultura não foram cumpridas inteiramente, contribuindo para a geração de novos problemas e aprofundando velhas desigualdades.

Assinale a opção que faz referência a efeitos da "Revolução Verde".

a) Coletivização das terras, implemento da agroecologia e expansão do crédito para os agricultores.

b) Distribuição equitativa de terras, difusão da policultura e uso de defensivos biodegradáveis.

c) Expansão de monoculturas, uso de técnicas tradicionais de plantio e fertilização natural dos solos.

d) Reconcentração de terras, crescimento do uso de insumos industriais e agravamento da erosão dos solos.

e) Estatização das terras agrícolas, trabalho em comunas e produção voltada para o mercado interno.

6. (UFES) O homem, na tentativa de encontrar formas que levam ao aumento da produtividade agrícola, tem investido em tecnologia, cujos resultados têm causado polêmica. Um dos casos mais recentes trata das plantas transgênicas, podendo-se afirmar que:

I. são derivadas de alteração da composição genética.

II. são resultantes da Revolução Verde e têm o objetivo de combater a fome e a miséria nos países pobres.

III. são resultantes de melhoramento genético por seleção.

IV. podem resultar em produtos agrícolas mais resistentes à deterioração após a colheita.

V. requerem maiores estudos sobre sua influência para a saúde humana.

Os itens que se complementam são:

a) I, II, III.
b) I, II, V.
c) I, IV, V.
d) II, III, IV.
e) II, III, IV, V.

7. (UERJ)

Espaço agropecuário norte-americano no início do século XXI

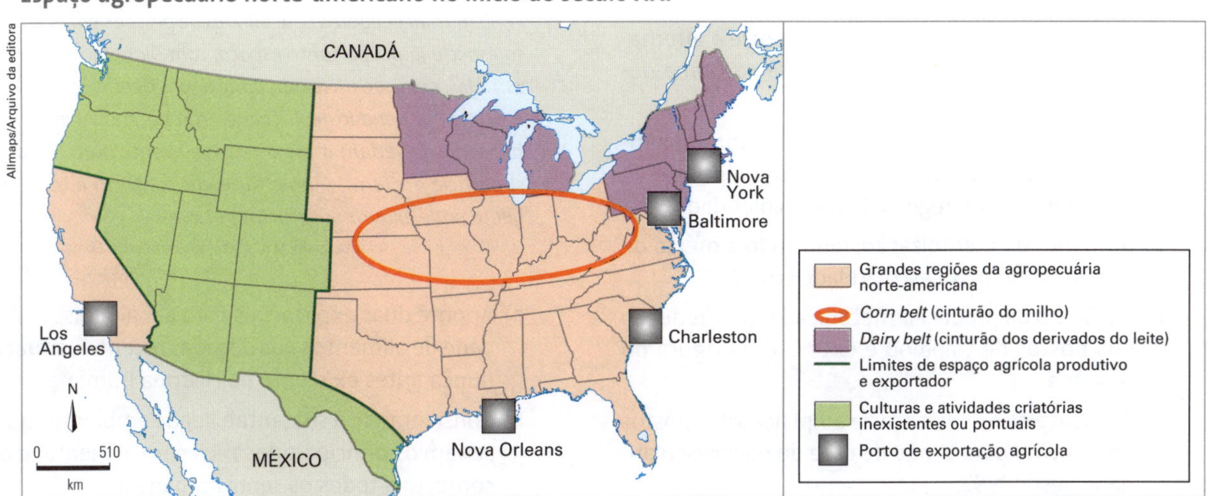

A agricultura norte-americana é organizada de acordo com o modelo empresarial, o que torna o espaço agropecuário do país fortemente vinculado à lógica econômica. O principal fator locacional que explica a posição do *Dairy Belt* é a presença de:

a) sistema universitário desenvolvido

b) mercado consumidor urbano expressivo

c) rede de transporte propícia à exportação

d) topografia plana favorável à mecanização

8. (UFTM-MG)

A mecanização da colheita, seja na cana ou em qualquer outra lavoura, altera o perfil do empregado, pois cria oportunidades para outros trabalhadores especializados, [...] e reduz a demanda dos empregos de baixa escolaridade.

Brasil – Proporção de tratoristas na cana-de-açúcar e em outras lavouras (1992 e 2007)

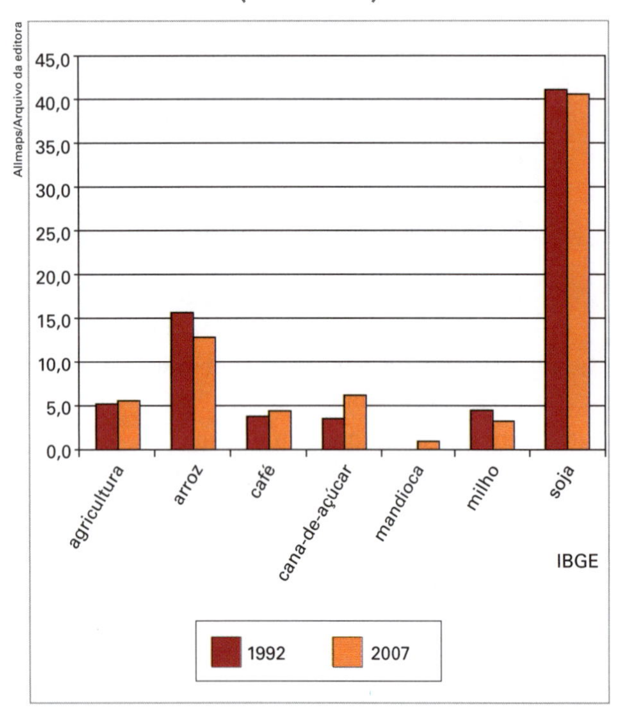

Pela leitura do texto e do gráfico, assinale a alternativa correta sobre emprego e produção de cana-de-açúcar no Brasil.

a) Cultura com predomínio de mão de obra qualificada, gerando o aumento da produtividade e da demanda de emprego de baixa escolaridade.

b) Aumento da mecanização, reduzindo a oferta de empregos de baixa escolaridade em 2007.

c) Aumento da produção mecanizada, com redução dos postos de trabalho e extinção da figura do boia-fria.

d) Aumento da mecanização e ampliação dos postos de trabalho para a mão de obra de baixa escolaridade desde 1992.

e) Aumento da oferta de postos de trabalho para trabalhadores não especializados, como tendência das demais lavouras brasileiras analisadas.

9. (UEL-PR) Assinale a alternativa que, respectivamente completa corretamente as lacunas (I) e (II) da frase a seguir.

Há uma distinção conceitual entre os termos modernização e industrialização da agricultura brasileira. Pode-se dizer que na modernização ocorre uma —(I)—, enquanto que a industrialização envolve a ideia de que —(II)—.

a) I – desaceleração nos ciclos naturais da produção em detrimento do uso de defensivos agrícolas; II – as máquinas passam a ser intensamente utilizadas na agricultura, promovendo a expansão do setor.

b) I – disputa entre o campo e a cidade, uma vez que o campo passa a ser expressivamente produtivo; II – a produção agrícola supera a urbana no que se refere à exportação de produtos.

c) I – transformação da produção artesanal camponesa numa agricultura consumidora de insumos; II – a agricultura acaba se transformando num ramo da produção semelhante a uma indústria.

d) I – intensificação dos investimentos a fim de gerar novas tecnologias incrementadoras da produção agrícola; II – o resultado de tal intensificação amplia a potencialidade de fabricação de novas máquinas para o setor.

e) I – expansão do ritmo de produção da agricultura em detrimento de políticas de incentivo ao crédito rural; II – a importação de maquinarias deve ser comparável aos resultados das exportações de produtos agrícolas.

Questão

10. (Unicamp-SP)

O mundo chegou a sete bilhões de pessoas em 2011. Nossa espécie já ocupa tanto espaço, com plantações, cidades, estradas, poluição e lixo que, para alguns cientistas, entramos em um novo período geológico, o Antropoceno. As atividades humanas já seriam a força mais relevante para moldar a superfície da Terra. Alimentar e dar conforto a toda essa gente pode exaurir os recursos naturais.

Adaptado de: O planeta dos humanos. *Época*. São Paulo: Globo, 6 jun. 2011. p. 87. (População).

a) Aponte duas explicações para a maior disponibilidade de alimentos nas décadas recentes, situação nunca antes existente na História humana.

b) Considerando a sustentabilidade ambiental, quais seriam os principais desafios para alimentar e dar conforto a todos os seres humanos?

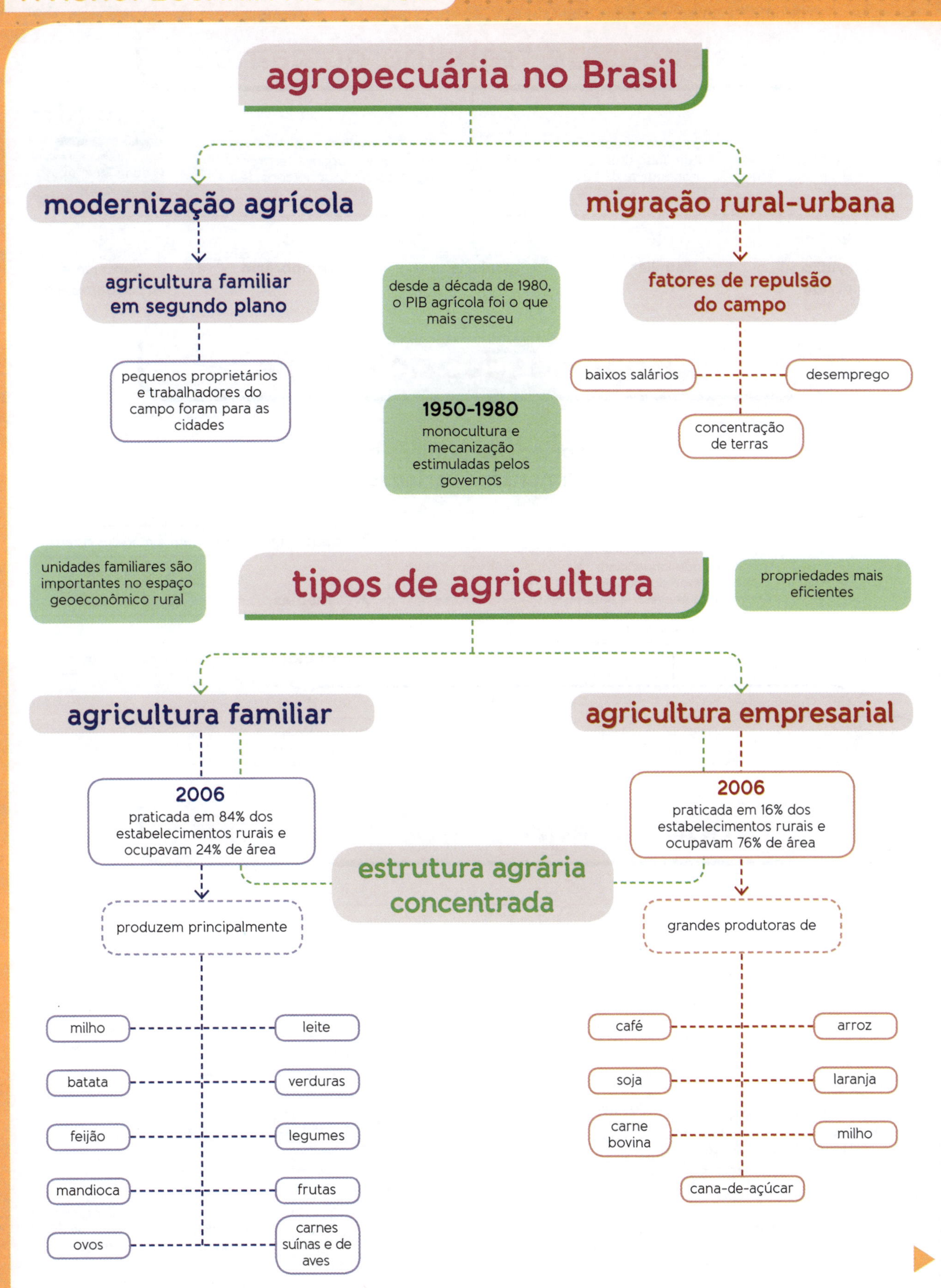
agropecuária no Brasil
modernização agrícola
migração rural-urbana
agricultura familiar em segundo plano
desde a década de 1980, o PIB agrícola foi o que mais cresceu
fatores de repulsão do campo
pequenos proprietários e trabalhadores do campo foram para as cidades
baixos salários
desemprego
1950-1980 monocultura e mecanização estimuladas pelos governos
concentração de terras
unidades familiares são importantes no espaço geoeconômico rural
tipos de agricultura
propriedades mais eficientes
agricultura familiar
agricultura empresarial
2006 praticada em 84% dos estabelecimentos rurais e ocupavam 24% de área
2006 praticada em 16% dos estabelecimentos rurais e ocupavam 76% de área
estrutura agrária concentrada
produzem principalmente
grandes produtoras de
milho
leite
batata
verduras
feijão
legumes
mandioca
frutas
ovos
carnes suínas e de aves
café
arroz
soja
laranja
carne bovina
milho
cana-de-açúcar

relações de trabalho no campo
grileiros: conseguem um falso título de propriedade da terra
posseiros: trabalhadores que ocupam a terra sem serem proprietários dela
1996-2006
1,5 milhão de trabalhadores abandonaram o campo
escravidão por dívida
familiar
assalariado
temporário
parceria e arrendamento
propriedades no campo
propriedade familiar tem dimensões variadas
fatores que influenciam no tamanho do módulo rural (área necessária para proporcionar o sustento de uma família)
pequenas
até 4 módulos rurais
médias
de 4 a 15 módulos
grandes
mais de 15 módulos
localização da propriedade
fertilidade do solo e clima
tipo de produto cultivado
tecnologia empregada
produção agropecuária brasileira
fatores internos que diminuem o crescimento e a competitividade
setor de armazenagem e transportes deficientes
pouco crédito e financiamentos
elevada carga tributária
falta de incentivo às cooperativas
menor abrangência da rede elétrica na zona rural
Brasil e países em desenvolvimento enfrentam protecionismo de países ricos, como:
barreiras tarifárias
barreiras fitozoosanitárias
cláusulas trabalhistas e ambientais
embargo
cotas de importação
fronteiras agrícolas no Centro-Oeste e periferia da Amazônia por causa
do relevo mais plano, facilitando mecanização
do solo e de climas favoráveis com o uso de corretivos
da irrigação
os maiores rebanhos são:
galináceos, com mais de 1 bilhão de cabeças
35% das aves que produzem ovos estão na região Sudeste e 50% das que serão abatidas estão no Sul
bovinos, com cerca de 212 milhões
suínos, com cerca de 39 milhões

Exercícios

Testes

1. (UFPB) Leia a seguir os versos da canção "Saga da Amazônia", de autoria do paraibano Vital Farias que expressam uma das facetas da ocupação do espaço rural amazônico e da questão agrária brasileira.

Toda mata tem caipora para a mata vigiar
veio caipora de fora para a mata definhar
e trouxe dragão de ferro, pra comer muita madeira
e trouxe em estilo gigante, pra acabar com a capoeira
Fizeram logo o projeto sem ninguém testemunhar
prá o dragão cortar madeira e toda mata derrubar:
se a floresta meu amigo, tivesse pé pra andar
eu garanto, meu amigo, com o perigo não tinha ficado lá
O que se corta em segundos gasta tempo pra vingar
e o fruto que dá no cacho pra gente se alimentar?
Mas o dragão continua a floresta devorar
e quem habita essa mata, pra onde vai se mudar?
corre índio, seringueiro, preguiça, tamanduá
tartaruga: pé ligeiro, corre-corre tribo dos Kamaiura
No lugar que havia mata, hoje há perseguição
grileiro mata posseiro só pra lhe roubar seu chão
castanheiro, seringueiro já viraram até peão
afora os que já morreram como ave de arribação
Zé de Nata tá de prova, naquele lugar tem cova
gente enterrada no chão

Disponível em: <http://letras.terra.com.br/vital-farias/380162>. Acesso em: 11 ago. 2014.

Com base na leitura desses versos e na literatura sobre o assunto, é correto afirmar:

a) A violência decorrente dos conflitos por terra é uma característica marcante apenas da Amazônia.

b) A ocupação do espaço agrário pelo agronegócio produz impactos sociais e ambientais negativos.

c) A derrubada da mata, seguida do seu reflorestamento, resolveria os conflitos por terra na Amazônia.

d) As ações públicas de ocupação do espaço rural foram planejadas de acordo com a população local.

e) As sociedades indígenas foram privilegiadas com a chegada das multinacionais ao campo.

2. (FGV-SP) Considere as assertativas sobre a agricultura brasileira.

I. A modernização do campo brasileiro possibilitou o crescimento da agricultura familiar comercial, ampliando a produção e a produtividade.

II. Nestas últimas décadas, a agricultura camponesa tornou-se antieconômica, porque não conseguiu incorporar mudanças estruturais e, praticamente, desapareceu do campo brasileiro.

III. Nas últimas décadas, a industrialização da agricultura contou com o apoio do Estado que, oferecendo financiamentos e infraestrutura, priorizou os produtos destinados à exportação.

Está correto somente o que se afirma em

a) I.
b) II.
c) I e II.
d) I e III.
e) II e III.

3. (UFU-MG)

A modernização da agricultura brasileira iniciou-se na década de 1950 e intensificou-se na década seguinte com a implantação do setor industrial voltado para a produção de equipamentos e insumos para a agricultura.

Adaptado de: <http://www.cptl.ufms.br/revista-geo/jodenir.pdf>. Acesso em: jun. 2012.

Vários fatores contribuíram para a modernização agrícola brasileira, que também provocou uma série de consequências, como

a) a substituição dos trabalhadores rurais pelo uso intensivo de equipamentos e técnicas revolucionárias na produção, que tornaram o produtor independente dos fatores ambientais e dependente da indústria agrícola.

b) a ampliação dos impactos ambientais, sobretudo causados pelo uso de produtos tóxicos sem os cuidados necessários, embora a utilização de agrotóxicos tenha possibilitado o aumento da produção de alimentos, destinados, principalmente, ao abastecimento interno.

c) a necessidade de contratação da mão de obra cada vez mais qualificada, que reduziu drasticamente o lucro dos produtores rurais, pois os salários pagos a estes novos trabalhadores eram bem superiores aos salários pagos aos trabalhadores não qualificados que foram dispensados.

d) a grande concentração de terras nas mãos de poucos produtores, o que tem gerado imensos conflitos no campo, buscando a Reforma Agrária como uma forma de democratizar o acesso à terra.

4. (UFPB) Considerando a chamada modernização da agropecuária brasileira, julgue os itens a seguir:

( ) A denominação "modernização conservadora" justifica-se por se tratar de um processo que revela, ao mesmo tempo, o avanço tecnológico e o retrocesso do ponto de vista social e ambiental.

( ) Os principais fatores que permitiram a modernização da agropecuária nacional foram: a mecanização, a invenção de defensivos e de fertilizantes químicos e a biotecnologia.

( ) A modernização do processo produtivo, tanto da agricultura quanto da pecuária, colocou o Brasil como um dos mais importantes exportadores de produtos agropecuários do mercado global.

( ) A biotecnologia avança na produção de sementes mais aptas a diversos tipos de solos e climas, a exemplo da criação de sementes transgênicas que aumentou a produção de alimentos, especificamente, para o mercado interno.

( ) A agroecologia se beneficiou do avanço biotecnológico da produção de sementes transgênicas, possibilitando cultivos livres da utilização dos agrotóxicos e independentes de grandes empresas multinacionais.

5. (UFJF-MG) Leia a tabela a seguir.

Participação na produção de alimentos – % da produção por tipo de propriedade (2006)

	Familiar	Não familiar
Mandioca	87	13
Feijão	70	30
Leite	58	42
Aves	50	50
Milho	46	54
Arroz	34	66
Bovinos	30	70

Adaptado de: <http://www.ibge.gov.br>. Acesso em: 11 ago. 2014.

A agricultura familiar é muito importante para a economia brasileira porque:

a) fornece mão de obra para o setor urbano-industrial.

b) garante abastecimento significativo do mercado interno.

c) ocupa terras com cultivos de produtos para a exportação.

d) utiliza grandes propriedades para o cultivo de orgânicos.

e) impede a expansão territorial da propriedade não familiar.

6. (Uespi) A afirmação abaixo poderia ser concluída pelo segmento presente na alternativa:

Embora os fatores climáticos e topográficos tenham evidentemente auxiliado a difusão da cultura da soja no Cerrado brasileiro, as ações políticas estatais e privadas (...)".

a) facilitaram essa marcha em todas as direções da região Centro-Oeste e, mais recentemente, para o Norte e o Nordeste do país.

b) dificultaram a difusão do cultivo da soja, em face da diminuição maciça de investimentos no agronegócio.

c) propiciaram a substituição do cultivo desse produto pela introdução da mamona para a produção e a exportação do biodiesel.

d) facilitaram a expansão da fronteira agrícola nacional, com a substituição do plantio desse produto pelo cultivo da cana de açúcar.

e) dificultaram consideravelmente a instalação de grandes empresas do agronegócio que lidam com esse produto no Centro-Oeste do país.

7. (UERJ) Os fluxos comerciais de mercadorias viabilizam a efetiva inserção de um país no espaço econômico mundial. No caso do Brasil, as exportações de produtos agropecuários constituem uma parte relevante da pauta de exportações.
Observe os gráficos:

Principais destinos das exportações brasileiras do agronegócio

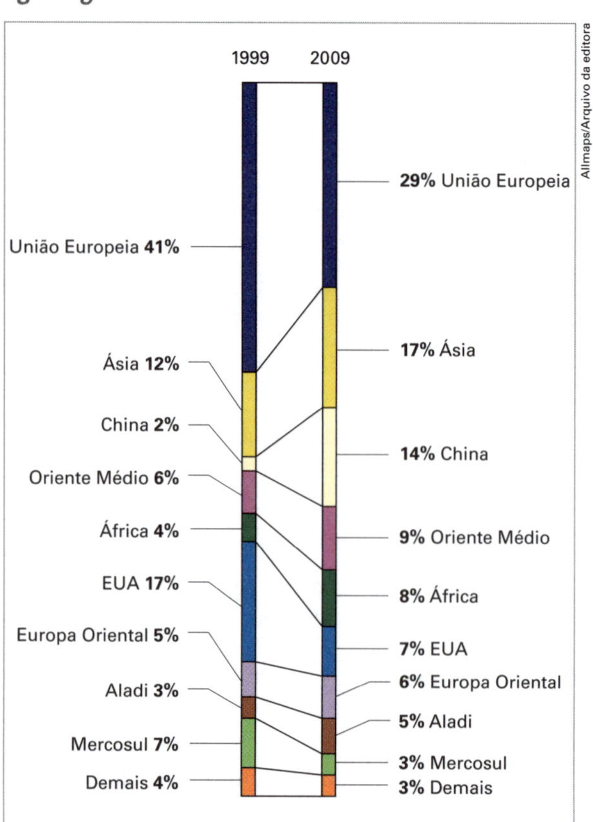

Pela análise dos dados, pode-se inferir a seguinte mudança no perfil do comércio exterior do agronegócio brasileiro:

a) expansão do intercâmbio com os países ocidentais
b) priorização das vendas para os países do hemisfério sul
c) diminuição do volume de compras feitas por países emergentes
d) redução da dependência do mercado dos países desenvolvidos

8. (Uespi) Muitos geógrafos e economistas consideram que a modernização da agricultura brasileira se fez sem que a estrutura da propriedade rural fosse alterada, e isso, na opinião deles, teve "efeitos perversos". Que exemplos desses "efeitos perversos" podem ser mencionados?

1. A propriedade rural tornou-se mais concentrada.
2. As disparidades de renda aumentaram bastante.
3. O êxodo rural acentuou-se.
4. O aumento da taxa de exploração da força de trabalho nas atividades agrícolas.
5. A diminuição da modernização conservadora no campo.

Estão corretos:

a) 1 e 5 apenas
b) 2 e 3 apenas
c) 1, 2 e 5 apenas
d) 1, 2, 3 e 4 apenas
e) 1, 2, 3, 4 e 5

9. (PUC-SP) Leia:

Mais do que ficar reduzindo áreas de preservação e reservas ambientais, mais do que afetar a paz nas cadeias da biodiversidade, mais do que encomendar e acreditar em estudos falaciosos, se a agropecuária brasileira quiser realmente atingir níveis de produção capazes de evitar a escassez de alimentos no futuro, ela precisará ampliar seus investimentos em inovação e tecnologia.

DAHER, Rui. Pesquisa e Desenvolvimento. São Paulo: *Terra Magazine*, 20/12/2011. In: <http://terramagazine.terra.com.br/blog do ruidaher/blog/2011/12/20/pesquisa-e-desenvolvimento/>. Acesso em: 11 ago. 2014.

Tendo em vista o texto e as áreas geográficas do campo brasileiro dominadas pela agricultura moderna (o "agronegócio") é correto afirmar que

a) o autor quis dizer que nas áreas geográficas do chamado agronegócio não há tecnologias modernas aplicadas à produção agrícola.
b) nas áreas do agronegócio, a produção é bastante tecnologizada (mesmo que se advogue mais inovação), e boa parte dos trabalhadores mora nas cidades.
c) o agronegócio, a despeito do conteúdo tecnológico, só pode ser mais produtivo incorporando novas áreas geográficas, atualmente florestadas.
d) com a tecnologia incorporada no agronegócio, a produção é sustentável, com desmatamento mínimo, tal como no Centro-Oeste brasileiro.
e) nas áreas do agronegócio, há crescimento de empregos e também de moradores nas configurações rurais, e um esvaziamento das cidades.

10. (Unicamp-SP)

A produção de grãos no Brasil na safra 2009/2010 será recorde (147,10 milhões de toneladas), superando em 8,8% o volume produzido na safra 2008/2009 (....). A área plantada na safra 2009/2010 é de 47,33 milhões de hectares, 0,7% menor que a cultivada na safra 2008/2009.

Jornal Brasil econômico, 06/08/2010, p. 17.

O aumento de produção de grãos em área menor indica um aumento da produtividade, em função dos seguintes fatores:

a) uso de sementes geneticamente modificadas, baixa utilização de insumos agrícolas e de maquinário, mão de obra predominantemente assalariada e uso intensivo do solo.
b) uso de sementes de melhor qualidade, maior utilização de insumos agrícolas e de maquinário, mão de obra predominantemente assalariada e uso intensivo do solo.
c) uso de sementes de melhor qualidade, maior utilização de insumos agrícolas e de maquinário, mão de obra predominantemente familiar e uso extensivo do solo.
d) uso de sementes geneticamente modificadas, maior utilização de insumos agrícolas e de maquinário, mão de obra predominantemente familiar e uso intensivo do solo.

11. (Aman-RJ) Uma das principais dificuldades que alguns países periféricos ou semiperiféricos, como o Brasil, encontram no mercado mundial de produtos agrícolas é

a) a concessão de subsídios agrícolas que países como os Estados Unidos e os da União Europeia cedem aos seus respectivos produtores.
b) a política antiprotecionista que os países desenvolvidos adotam em relação à importação desses produtos.
c) o alto custo de produção de todos os seus produtos agrícolas em relação aos custos desses produtos nos países desenvolvidos.
d) o reduzido interesse de mercados fortes como o asiático, que apresenta baixa importação desses produtos.
e) a baixa produtividade agrícola apresentada por esses países, não sendo suficiente para que haja excedente para ser exportado.

12. (UFPR)

No Censo Agropecuário de 2006 foram identificados 4 367 902 estabelecimentos de agricultura familiar. Eles representavam 84,4% do total, mas ocupavam apenas 24,3% (ou 80,25 milhões de hectares) da área dos estabelecimentos agropecuários brasileiros. Já os estabelecimentos não familiares representavam 15,6% do total e ocupavam 75,7% da sua área. Dos 80,25 milhões de hectares da agricultura familiar, 45% eram destinados a pastagens, 28% a florestas e 22% a lavouras. Ainda assim, a agricultura familiar mostrou seu peso na cesta básica do brasileiro, pois era responsável por 87% da produção nacional de mandioca, 70% da produção de feijão, 46% do milho, 38% do café, 34% do arroz, 21% do trigo e, na pecuária, 58% do leite, 59% do plantel de suínos, 50% das aves e 30% dos bovinos.

IBGE, Censo Agropecuário – Agricultura familiar 2006, divulgado em 30 de setembro de 2009.

Com base nas informações apresentadas acima, considere as seguintes afirmativas:

1. O índice dos produtos consumidos na cesta básica do brasileiro está de acordo com o índice de distribuição de terras no Brasil.
2. A segurança alimentar no Brasil depende em maior medida da produção agropecuária realizada nos estabelecimentos não familiares (com 75,7% da área).
3. O elevado índice de áreas com florestas (28%) nos estabelecimentos de agricultura familiar se constitui num empecilho para o aumento da produtividade.
4. A produção da agricultura familiar está relacionada com o abastecimento do mercado interno.

Assinale a alternativa correta.

a) Somente a afirmativa 3 é verdadeira.
b) Somente a afirmativa 4 é verdadeira.
c) Somente as afirmativas 1 e 2 são verdadeiras.
d) Somente as afirmativas 3 e 4 são verdadeiras.
e) Somente as afirmativas 1, 2 e 4 são verdadeiras.

13. (UFPE) A despeito dos avanços tecnológicos nos processos de produção e da importância do setor agropecuário em algumas regiões do Brasil, muitos procedimentos ainda são adotados e acarretam prejuízos ambientais, como por exemplo:

( ) muitas das áreas de plantio estão às margens dos rios, em locais que deveriam ser protegidos, favorecendo a contaminação das águas superficiais e subterrâneas.

( ) a poluição do ar, pelas queimadas nas zonas canavieiras e também por compostos sulfurosos, como no caso das indústrias de celulose, provoca danos à saúde da população.

( ) a falta de uso mais intensivo de agrotóxicos, sobretudo nas áreas de encostas, proporciona o desenvolvimento de pragas que, em pouco tempo, destroem muitas áreas plantadas, sobretudo cafezais.

( ) a diminuição das áreas de vegetação nativa, substituídas por monoculturas, implica perda de biodiversidade.

( ) as técnicas incorretas de exploração do solo propiciam a aceleração da erosão, o assoreamento dos cursos d'água e a perda de áreas agriculturáveis.

Questão

14. (Fuvest-SP)

Pessoas ocupadas nos estabelecimentos agropecuários (2006)

Localidade	Total de pessoal ocupado	Mão de obra familiar	Empregados contratados
Brasil	16 367 633	12 810 591 (78,3%)	3 557 042 (21,7%)
Estado de São Paulo	828 492	416 111 (50,2%)	412 381 (49,8%)
Estado do Rio Grande do Sul	1 219 511	1 071 709 (87,9%)	147 802 (12,1%)

Adaptado de: IBGE, Censo Agropecuário – Agricultura familiar 2006.

Com base na tabela e em seus conhecimentos:

a) Analise a presença de mão de obra familiar nos Estados de São Paulo e do Rio Grande do Sul, relacionando-a com as atividades agropecuárias predominantes em cada um deles.

b) Tendo em vista o fato de que a mão de obra familiar é majoritária no Brasil, analise os dados de pessoal ocupado nos estabelecimentos rurais no Estado de São Paulo, considerando as transformações agrárias ocorridas, nesse estado, a partir dos anos 1950.

Desafio

Theo Szczepanski/ Arquivo da editora

Olimpíadas de Geografia

Energia: evolução histórica e contexto atual

1. (Desafio National Geographic/2012)

Dois estudos revelam o crescimento substancial da geração de energia elétrica de fontes geotérmicas, solares, eólicas e outras renováveis nos Estados Unidos durante os primeiros três anos e meio da atual gestão do governo federal. Segundo dados até junho de 2012, as fontes renováveis não hidro (biomassa, geotérmica, solar e eólica) forneceram 5,76% da geração elétrica bruta na primeira metade deste ano. Isso representa um aumento de 10,97%, comparado ao mesmo período de 2011. [...] Em meados de 2012, a geração dessas mesmas fontes havia crescido 78,70% [...]. Comparando a produção média mensal de 2008 e 2012, a energia solar cresceu 285%, a eólica, 171%, e a geotérmica, 13,5%. Apenas a produção por biomassa caiu 0,56%. São 229 novos projetos, respondendo por mais de 38% da nova capacidade de geração de eletricidade. Isso inclui 50 eólicos, 111 solares, 59 de biomassa, cinco geotérmicos e quatro de energia de água. [...] A geração de energia renovável foi mais que o dobro da do carvão.

Adaptado de: "Energia renovável tem crescimento explosivo no governo Obama. *National Geographic Brasil on-line*, de 21/08/2012. Disponível em: <http://viajeaqui.abril.com.br/materias/energia-renovavel-estados-unidos-barack-obama-noticias>. Acesso em: 11 ago. 2014.

Os novos investimentos na geração de energia elétrica nos Estados Unidos indicam que:

a) A substituição das fontes de origem fóssil pelas fontes limpas e renováveis manteve inalterada a composição da matriz energética do país.

b) As fontes limpas e renováveis são inviáveis do ponto de vista econômico e tecnológico diante do petróleo, que possui alto teor energético.

c) Estão ausentes do território do país as condições naturais favoráveis à ampliação da capacidade instalada de fontes renováveis não hidrelétricas.

d) As opções energéticas limpas e renováveis têm potencial para reduzir ao longo do tempo do país quanto a fontes de origem fóssil.

A produção de energia no Brasil

2. (Desafio National Geographic/2011) Observe o mapa e os gráficos a seguir e responda à questão:

Fontes de energia elétrica no Brasil

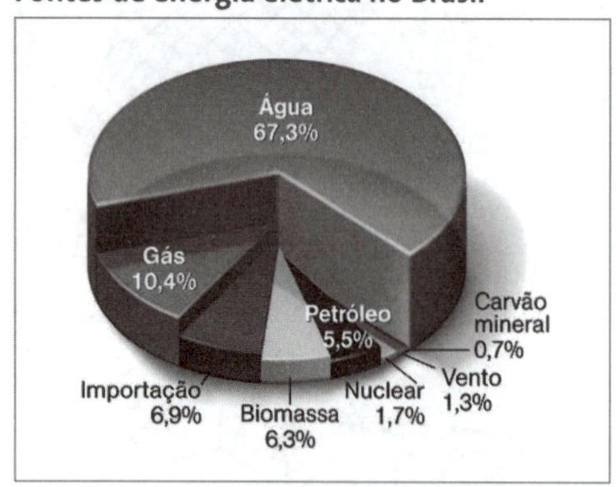

Produção de energia eólica no mundo

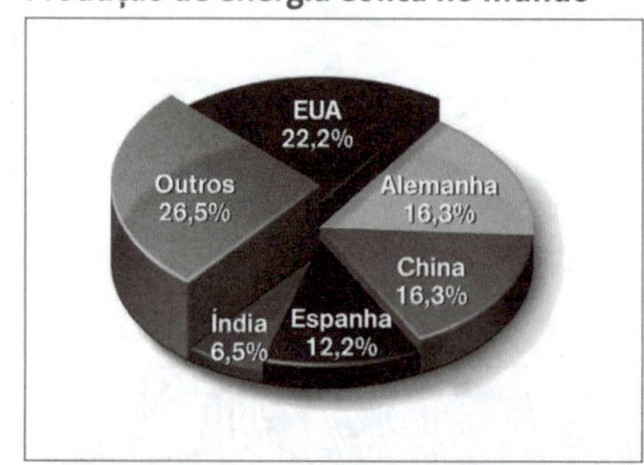

Gráficos: Agência Nacional de Energia Elétrica; Associação Brasileira de Energia Eólica. Revista *National Geographic Brasil*, n. 129, dezembro de 2010, p. 18.

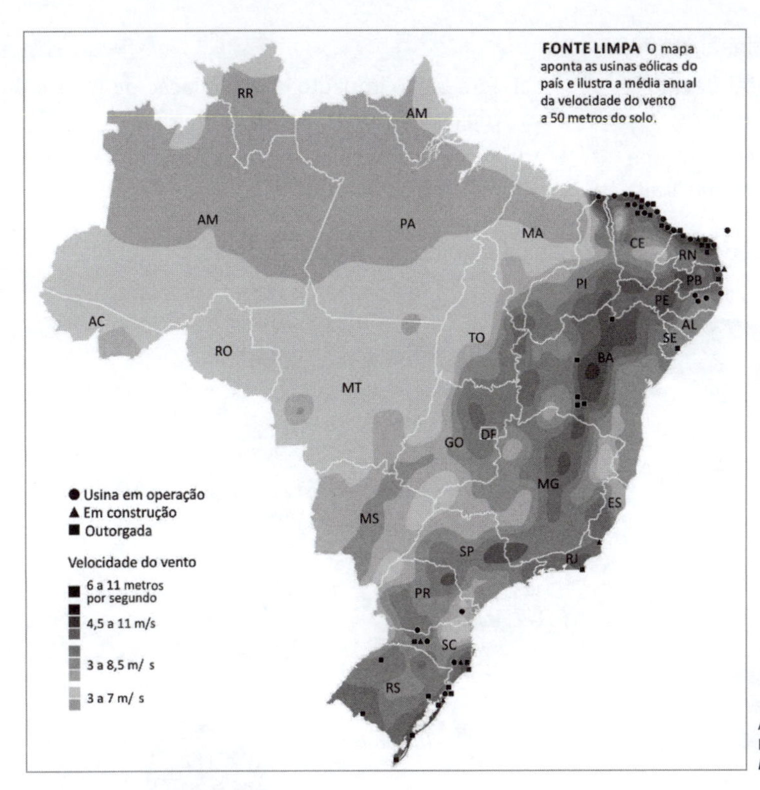

Agência Nacional de Energia Elétrica; Associação Brasileira de Energia Eólica. Revista *National Geographic Brasil*, n. 129, dezembro de 2010, p. 18.

Sobre as áreas de produção de energia eólica para gerar eletricidade no Brasil, é correto afirmar que:

a) Diversas áreas da faixa oriental do país apresentam condições naturais para a geração eólica.

b) Estão ausentes do território nacional as condições naturais necessárias para a geração eólica.

c) As áreas de potencial eólico do país restringem-se ao litoral gaúcho e à região Nordeste.

d) O território nacional como um todo apresenta condições naturais favoráveis à geração eólica.

3. (Desafio National Geographic/2012)

O parque hidrelétrico brasileiro é, há décadas, um dos maiores do mundo. Pouco mais de 80% da energia elétrica do país vem dessa matriz, enquanto a média mundial é de 25% – só a Noruega, com quase 100%, está na frente. As barragens inundam áreas extensas, deslocam populações e alteram o clima local, mas emitem volumes bem menores de poluição atmosférica e de gases de efeito estufa. Estima-se que apenas 32% do potencial nacional já foi convertido em usinas: nos dias atuais, 403 delas estão em pleno funcionamento e pelo menos 316, de todos os tamanhos, em construção.*

National Geographic Brasil, edição n. 133, pág. 64-65, abril de 2011; Especial Energia, p. 38-39, 2012.

(*) Dados referentes a 2011, conforme o Balanço Energético Nacional de 2012.

Sobre a energia hidrelétrica no Brasil, considere as seguintes afirmações:

I. Os investimentos em novos projetos de geração hidrelétrica estão associados a quadros de expansão econômica e do consumo em diferentes setores de atividade no país.

II. Além de sua grande capacidade de geração de energia elétrica, a fonte hidráulica é limpa, renovável e isenta de impactos ambientais e sociais.

III. A densa rede hidrográfica e a presença de rios com grande volume d'água em diversas bacias contribuem para explicar a atual configuração da matriz energética brasileira.

A respeito do tema, está correto o que foi afirmado em:

a) I, II e III. b) I e II. c) II e III. d) I e III.

Características e crescimento da população mundial

4. (Desafio National Geographic/2011)

As pessoas passaram a viver mais tempo e há tantas mulheres ao redor do mundo em idade de procriar – 1,8 bilhão – que a população global ainda vai continuar crescendo pelo menos durante algumas décadas (...). Até 2050, o total de seres humanos no planeta pode chegar a 10,5 bilhões ou então se estabilizar por volta dos 8 bilhões – a diferença é de cerca de um filho para cada mulher. Os demógrafos da ONU consideram mais provável a estimativa média: eles estão projetando uma população mundial de 9 bilhões antes de 2050 – em 2045.

Com a população mundial a aumentar ao ritmo de cerca de 80 milhões de pessoas por ano, é difícil não ficar alarmado. Em toda a Terra, os lençóis freáticos estão cedendo, os solos ficando cada vez mais erodidos, as geleiras derretendo e os estoques de pescado prestes a ser esgotados. Quase 1 bilhão de pessoas passam fome todo dia. Daqui a algumas décadas, haverá mais 2 bilhões de bocas a ser alimentadas, a maioria em países pobres. E bilhões de outras pessoas lutarão para sair da miséria. Se seguirem pelo caminho percorrido pelas nações desenvolvidas – desmatando florestas, queimando combustíveis fósseis, usando fertilizantes e pesticidas com abundância – vai ser enorme o impacto sobre os recursos naturais do planeta.

Revista National Geographic Brasil, edição n. 130, janeiro de 2011, p. 57.

Segundo o texto, o crescimento populacional até 2050:

a) Deixará de ser uma ameaça ambiental devido à redução já prevista do ritmo de nascimentos.

b) Ampliará o número de pessoas que passam fome e tornará mais escassos alguns recursos naturais.

c) Terá baixo impacto com a criação de mais indústrias e o desmatamento de florestas.

d) Impactará os solos com o uso de mais fertilizantes, mas preservará outros recursos naturais.

5. (Desafio National Geographic/2012) Observe o texto e o mapa a seguir e responda à questão.

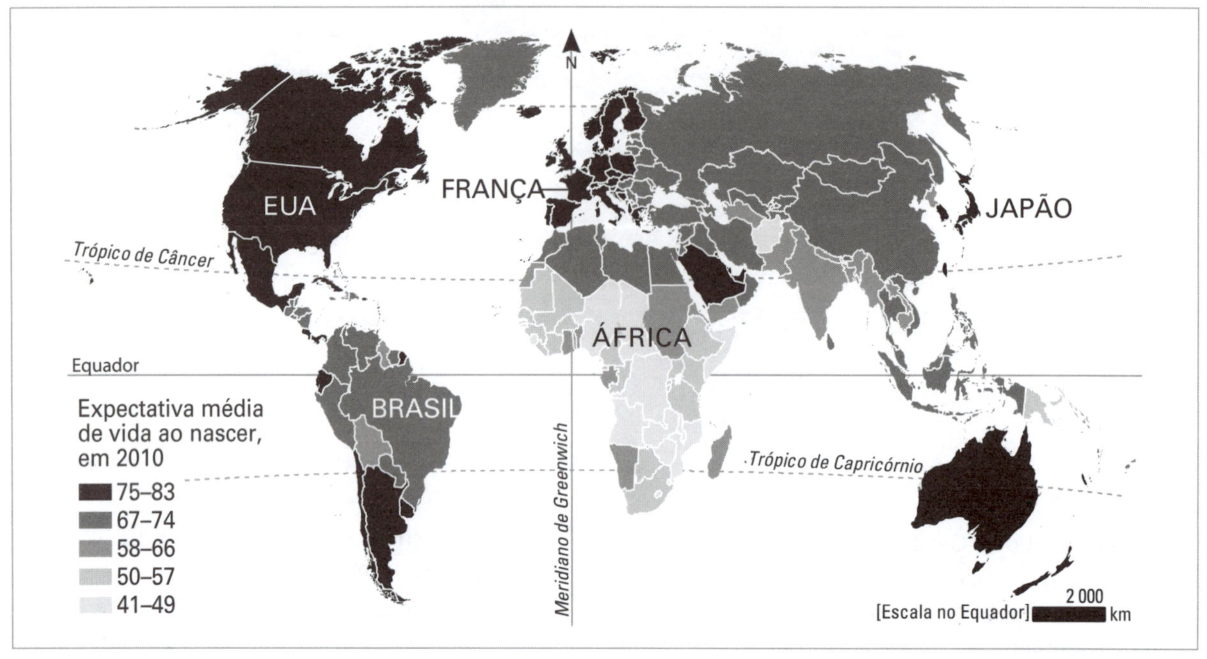

Agência de Referência Populacional (EUA); IBGE.

Há cada vez mais gente centenária, mas poucos vivem além disso – assim, a expectativa de vida, mesmo nos países mais ricos, permanece na casa dos dois dígitos. Havia 53 364 pessoas centenárias nos Estados Unidos em abril de 2010. Estima-se que em 2050 haverá 601 000 pessoas nesta faixa etária naquele país. No Brasil, registrou-se em 2010 a presença de 23 760 pessoas na casa dos 100 anos de idade.

Agência de Referência Populacional (EUA); IBGE. *National Geographic Brasil*, edição n. 140, p. 33, novembro de 2011.

De acordo com os dados, é correto afirmar, quanto à expectativa de vida no mundo, que:

a) Há um progressivo aumento nas taxas de mortalidade de idosos no mundo, incluindo os que vivem nos países desenvolvidos.

b) Países como os Estados Unidos apresentam elevada expectativa de vida e projeções futuras de aumento do percentual de centenários.

c) No mundo contemporâneo, os altos índices de expectativa de vida são uma característica sociodemográfica restrita a um grupo de países ricos.

d) Há um declínio da expectativa de vida nos países ricos e em desenvolvimento em função dos efeitos perversos da atual crise econômica mundial.

Os fluxos migratórios e a estrutura da população

6. (Desafio National Geographic/2011) Sobre as etapas mencionadas, considere o texto e as pirâmides etárias a seguir.

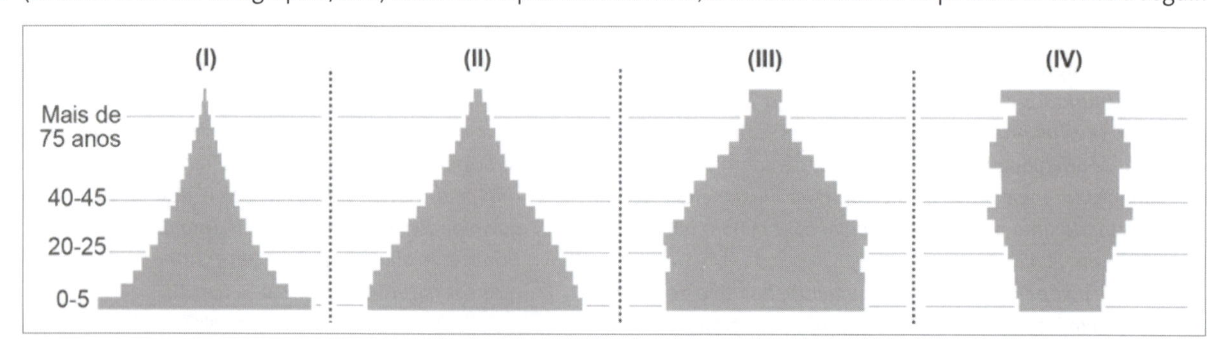

A chamada "transição demográfica" costuma ocorrer em determinados países, entre outros fatores, em função de processos como a urbanização e a melhoria das condições de vida. As etapas percorridas pelo país que passa por essa transição são marcadas pela redistribuição das faixas etárias.

Adaptado de: *Revista National Geographic Brasil*, edição n. 130, janeiro de 2011, p. 58.

Em países com maior população de idosos, os óbitos superam os nascimentos. Sem imigração importante, pode até ocorrer a diminuição da população.

A pirâmide etária que melhor expressa o que foi afirmado no texto é:

a) I. b) II. c) III. d) IV.

7. (Desafio National Geographic/2012)

Imigrantes na União Europeia por região de origem (2009)

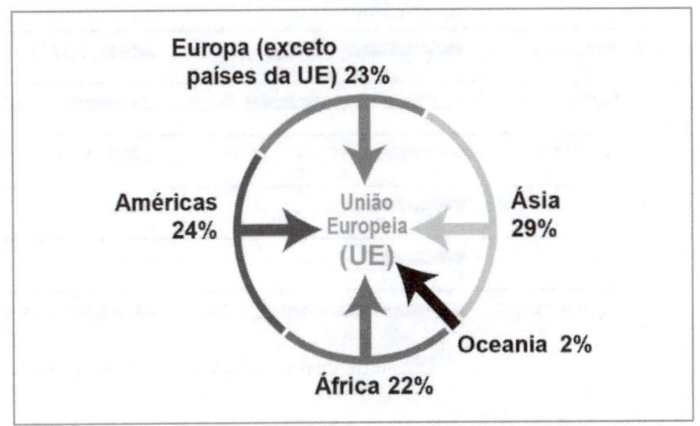

National Geographic Brasil, edição n. 144, p. 98, março de 2012.

Com base nos dados representados no gráfico, considere as afirmações a seguir:

I. Marcados por grande emigração no passado, diversos países da União Europeia converteram-se em destino de imigrantes de diferentes partes do mundo.

II. Diante da proximidade geográfica e das afinidades culturais, a maior parte dos imigrantes que chegam aos países da atual União Europeia vem hoje do Leste Europeu, em especial de ex-repúblicas soviéticas.

III. Os imigrantes têm se revelado um motor do crescimento populacional em países da União Europeia. Entretanto, as atuais dificuldades econômicas em alguns desses países podem reforçar a xenofobia.

IV. Em razão da demanda por mão de obra, vários países da atual União Europeia estimularam a presença de imigrantes nos anos 1950 e 1960. Por exemplo, a França recebeu muitos marroquinos e argelinos e a Alemanha recrutou milhares de trabalhadores turcos.

Sobre o tema em questão, está correto o que foi afirmado em:

a) I, II, III e IV.
b) II, III e IV.
c) I, II e III.
d) I, III e IV.

A formação e a diversidade cultural da população brasileira

8. (Desafio National Geographic/2012)

National Geographic Brasil: *O que significa para os índios os 50 anos do Parque do Xingu?*

Aritana: *Nossa memória diz que vivemos nessas terras desde o tempo da criação do mundo. Acreditamos nisso. Mas não existe mais aquela vastidão por onde antes andávamos com plena liberdade. Para o bem e para o mal, o parque nos trouxe um limite. As aldeias cresceram, dividiram-se e já estão encostadas no limiar da reserva. Ainda assim, valorizamos a demarcação, mesmo que comemorações nesse tipo de data não façam parte de nossa tradição. Hoje, é preciso dizer que as fronteiras do parque não garantem mais a nossa segurança, e temos sido ameaçados pela expansão do agronegócio e pelas tentativas de invasão dos madeireiros, posseiros e garimpeiros. Em alguns lugares, fazendeiros já arrancaram estacas demarcatórias da Funai, mudando-as de lugar para beneficiar seus empreendimentos. Fica o aviso: desde sempre, toda a liderança do Xingu está unida para lutar contra qualquer ameaça e, se for necessário, morrer por nossas terras.*

O embaixador do Xingu. Entrevista de Aritana, chefe dos iaulapitis e presidente do Conselho da Liderança do Parque Indígena do Xingu, à *National Geographic Brasil*, edição n. 140, p. 38-41, novembro de 2011. Disponível em: <http://viajeaqui.abril.com.br/materias/o-embaixador-do-xingu>. Acesso em: 11 ago. 2014.

Considerando as afirmações do cacique Aritana, examine as afirmações a seguir:

I. O reconhecimento de terras indígenas e de unidades de conservação ambiental não foi suficiente para evitar o extermínio de populações tradicionais no Brasil, diante da expansão das fronteiras econômicas modernas.

II. Com o crescimento das aldeias, territórios indígenas como o Parque do Xingu, estabelecido nos anos 1960, vêm chegando ao limite de sua oferta de recursos e extensões de terras para as etnias que ali vivem.

III. O reconhecimento de parques e terras indígenas contribui para preservar modos de vida indígenas, mas tais unidades hoje estão ameaçadas pelo avanço de atividades como as da agropecuária moderna.

Reforça os argumentos do líder indígena o que foi afirmado em:

a) I e III.
b) III, apenas.
c) II e III.
d) I, II e III.

Aspectos demográficos e estrutura da população brasileira

9. (Desafio National Geographic/2012) Observe as fotos abaixo de duas famílias brasileiras, feitas recentemente.

Foto 1: Maria do Livramento Braz e filhos (RJ).

Foto 2: Maria Corrêa de Oliveira com o marido e os filhos (RJ).

Fotos de John Stanmeyer. *National Geographic Brasil*, edição n. 138, p. 42-43, setembro de 2011.

Ao comparar as duas imagens, é correto afirmar, em relação às dinâmicas demográficas brasileiras, que:

a) Ambas representam os elevados índices de crescimento populacional e o aumento no número de membros por família registrados no período atual.

b) A primeira indica o declínio no ritmo de crescimento populacional e a segunda representa a elevação na mortalidade infantil no país.

c) Ambas são um indicativo do declínio nas taxas de fecundidade e, portanto, da queda acentuada nas taxas de natalidade no território nacional.

d) A primeira reflete o padrão de crescimento populacional em décadas passadas e a segunda retrata o estágio atual, marcado por taxas mais baixas de fecundidade.

10. (Desafio National Geographic/2011)

Brasil: Crescimento populacional – total e segundo as regiões (2000-2010)

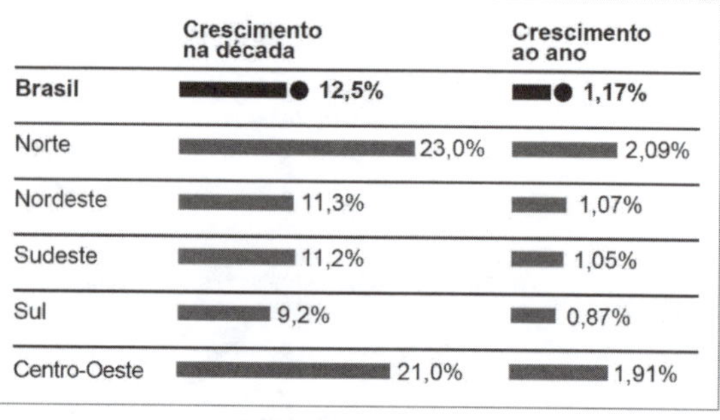

	Crescimento na década	Crescimento ao ano
Brasil	**12,5%**	**1,17%**
Norte	23,0%	2,09%
Nordeste	11,3%	1,07%
Sudeste	11,2%	1,05%
Sul	9,2%	0,87%
Centro-Oeste	21,0%	1,91%

IBGE. *Censo Demográfico 2010*. Sinopse preliminar.

Os dados expostos no gráfico mostram que no Brasil:

a) Registrou-se decréscimo da população em todas as regiões do país, face à estagnação econômica e à transição demográfica que elas vêm enfrentando.

b) Houve maior crescimento populacional no Norte e no Centro-Oeste, associado a fluxos migratórios para o interior do país.

c) As grandes metrópoles perderam seu poder de atração populacional, dada a emergência de novos polos econômicos no interior, como os do Centro-Oeste.

d) Está em marcha a decadência econômica das regiões mais industrializadas e urbanizadas, como o Sudeste, que registrou forte perda populacional.

O espaço urbano do mundo contemporâneo

11. (Desafio National Geographic/2012)

Em 2020, 90% da população brasileira estará vivendo nas cidades, assim como seus vizinhos do Cone Sul (Argentina, Chile, Paraguai e Uruguai), como informa o relatório Estado das Cidades da América Latina e do Caribe, divulgado pelo programa ONU-Hábitat. Embora seja a menos povoada em relação a seu território, a região é a mais urbanizada do mundo, e quase 80% de suas populações vivem hoje em cidades. [...] *Após décadas de êxodo rural, o estudo demonstra que a explosão urbana é coisa do passado e que desde 2000 o crescimento médio anual da população na região tem sido inferior a 2%, crescimento considerado normal, segundo o relatório. O estudo aponta ainda que a desaceleração populacional na região, iniciada há cerca de 20 anos, deve continuar e que até 2030 o número de habitantes na maioria dos países latino-americanos e caribenhos crescerá menos de 1% ao ano.*

Relatório da ONU mostra desaceleração urbana no Caribe e América Latina. *National Geographic Brasil on-line*, 21/8/2012. Disponível em: <http://viajeaqui.abril.com.br/materias/desaceleracao-urbana-america-latina-caribe-noticiasc>. Acesso em: 26 set. 2014.

Os dados sobre demografia e urbanização na América Latina e no Caribe permitem concluir que:

a) A região tem sido marcada pela combinação entre elevada urbanização e progressiva redução no ritmo de crescimento populacional.

b) A urbanização da região se dá em um quadro de criação de grandes cidades e denso povoamento dos respectivos territórios.

c) Ao lado da acelerada urbanização, os países da região exibirão nos próximos anos elevados índices de crescimento populacional.

d) Com a intensa urbanização, eliminou-se a possibilidade de as cidades da região receberem novos migrantes da zona rural.

12. (Desafio National Geographic/2012)

Leon Chew/Acervo do fotógrafo

Foto de Leon Chew. Seul, Coreia do Sul.

Stephen Wilkes/Acervo do fotógrafo

Foto de Stephen Wilkes. Times Square, Nova York.

Na década de 1880, Londres, que passava por um surto de crescimento, estava repleta de gente bem mais desesperada que Howard. [...] O planejamento urbano no século 20 teve como base essa percepção negativa, herdada do século anterior. E, curiosamente, começou com Ebenezer Howard. Em um livreto que publicou em 1898, o estenógrafo que passava o dia transcrevendo ideias alheias decidiu expor seus planos de como deveria viver a humanidade. [...]

Para Howard, era preciso interromper a onda de crescimento urbano, incentivando as pessoas a sair das metrópoles cancerosas e mudar-se para novas e autônomas "cidades-jardins". [...] Viveriam em residências agradáveis em meio a jardins nesses pequenos núcleos urbanos, se deslocariam a pé até as fábricas instaladas em suas periferias e se alimentariam dos produtos cultivados em um cinturão verde mais externo – que impediria a nova cidade de se expandir pela área rural circundante.

National Geographic Brasil, edição n. 141, dezembro de 2011, p. 46-47.

Levando em consideração o texto e as imagens, é correto afirmar que muitas grandes cidades do mundo contemporâneo:

a) Seguiram as proposições da cidade-jardim, desadensando a área urbana para preservar o meio ambiente.

b) Concentraram a população no espaço urbano, criando grandes áreas verticalizadas e populosas.

c) Negaram as proposições de cidade-jardim, ocupando as áreas rurais com novas edificações, sem provocar o adensamento.

d) Estimularam a migração para outras regiões, criando as chamadas cidades médias cercadas por cinturões verdes.

13. (Desafio National Geographic/2012)

Espaço cívico: *as grandes cidades dependem de uma região central na qual os habitantes possam se encontrar, se misturar, fazer negócios e trocar ideias. O Foro, no centro da antiga Roma, tornou-se um exemplo dos espaços públicos que viriam depois. O local em que hoje os turistas passeiam entre ruínas era movimentado, com tribunais, templos, monumentos e mercados que prosperaram por mais de um milênio.*

National Geographic Brasil, edição n. 141, p. 44, dezembro de 2011.

Reforçam os princípios sobre a natureza do espaço urbano mencionados no texto medidas como:

a) Suprimir espaços de deslocamentos a pé e reforçar o uso de automóveis particulares e a criação de pistas expressas.

b) Incentivar a construção de *shopping centers* e condomínios residenciais fechados afastados do núcleo central da cidade.

c) Aprovar leis que valorizem a diversidade de usos dos espaços das cidades, permitindo contatos e interações sociais.

d) Limitar a proporção de parques, áreas verdes e núcleos históricos protegidos em relação ao espaço total da cidade.

14. (Desafio National Geographic/2012)

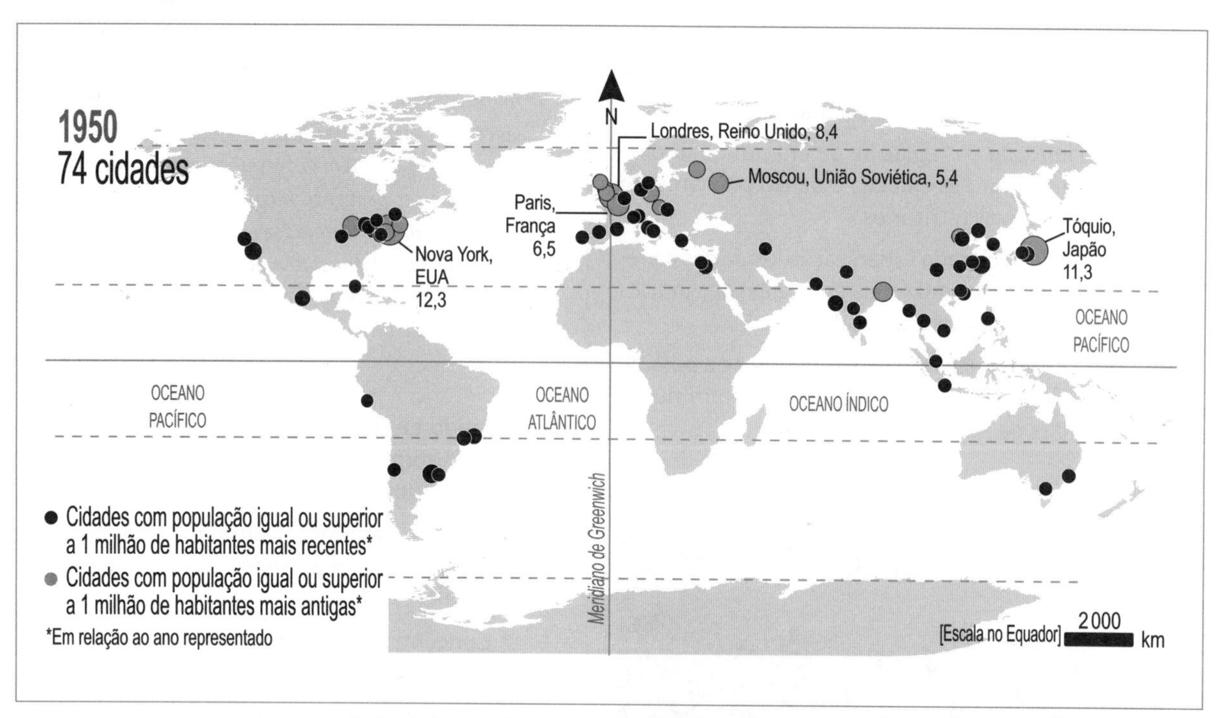

Nações Unidas; G. Modelski: World Cities: - 3000 to 2000. *National Geographic Brasil*, edição n. 141, p. 52-53, dezembro de 2011.

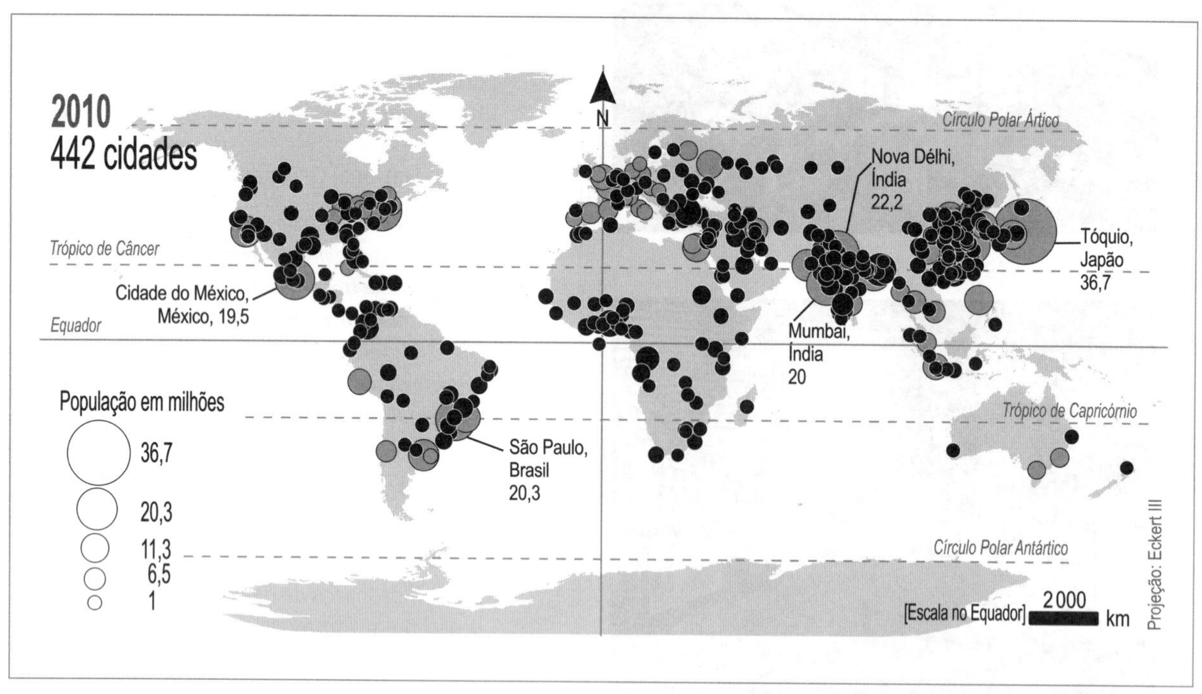

Nações Unidas; G. Modelski: World Cities: - 3000 to 2000. *National Geographic Brasil*, edição n. 141, p. 52-53, dezembro de 2011.

Ao analisar os mapas acima, que apresentam as grandes cidades do mundo em dois momentos, conclui-se que:

a) Há estagnação no crescimento da população urbana e das grandes cidades nos países em desenvolvimento, em especial os da América Latina.

b) Apesar da acelerada urbanização nos últimos anos, a China ainda não conta com grandes aglomerações urbanas.

c) Com o crescimento urbano mundial, as cidades europeias e dos Estados Unidos passaram a liderar a lista das maiores aglomerações do planeta.

d) Algumas megacidades do mundo atual estão localizadas em países em desenvolvimento, como Brasil, China, Índia e México.

As cidades e a urbanização brasileira

15. (Desafio National Geographic/2011)

POPULAÇÃO: *são 8 milhões de habitantes em Nova York e 11 milhões na capital paulista.*

SEGURANÇA: *em 2010, foram 10,6 assassinatos por 100 mil habitantes em São Paulo. Em Nova York registraram-se 6 assassinatos por 100 mil habitantes.*

TRÂNSITO: *a frota da metrópole americana é de 1,8 milhão de carros, enquanto em São Paulo circulam diariamente 4 milhões de veículos.*

TRANSPORTE PÚBLICO: *com 1 000 km, a rede de metrô nova-iorquina é 14 vezes a paulistana.*

TURISMO: *Nova York recebe por ano 48,7 milhões de visitantes e São Paulo recebe 11,7 milhões.*

CUSTO DE VIDA: *o aluguel representa em média 38% do orçamento de um nova-iorquino e 18% do de um paulistano; outros itens são: despesas com alimentação (17% e 15%, respectivamente) e transporte (9% e 15%, respectivamente).*

Veja São Paulo, 08/06/2011. Disponível em:<http://planetasustentavel.abril.com.br/noticia/cidade/michael-bloomberg-experiencias-viraram-referencia-internacional-630275.shtml?func=2>. Acesso em: 11 ago. 2014.

Comparando-se as cidades de Nova York e São Paulo, é correto afirmar, com base nos dados, que:

a) Ambas as metrópoles são populosas e sofrem com o trânsito caótico de veículos e a ausência de redes eficientes de transporte público.

b) Nova York é mais segura e mais barata para viver, enquanto São Paulo conta com trânsito e infraestrutura turística mais eficientes.

c) Se comparada a São Paulo, Nova York apresenta para seus cidadãos custos mais elevados com aluguel, alimentação e transporte.

d) São Paulo apresenta piores índices de segurança, enquanto Nova York supera a metrópole brasileira na extensão da rede de metrô.

Organização da produção agropecuária

16. (Desafio National Geographic/2012)

Consumo de água* por unidade de valor nutritivo (em litro/kcal)

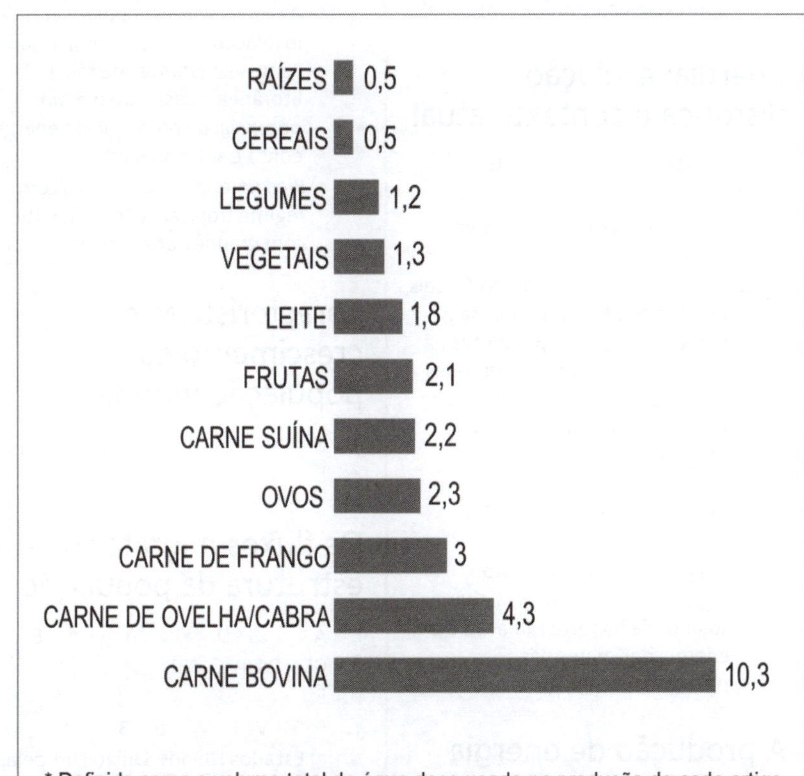

M. Mekonnen e A. Hoekstra. Universidade de Twente, Holanda. *National Geographic Brasil*, n. 150, setembro de 2012, p. 32.

Sobre o consumo de água na agropecuária, considere as afirmações a seguir:

I. O elevado consumo de água na pecuária explica por que a criação de animais e a produção de carne foram abandonadas e substituídas pelo cultivo de plantas voltadas à segurança alimentar das populações do planeta.

II. A agropecuária é o setor que mais consome água. Isso vem exigindo a adoção de técnicas mais eficientes de uso do recurso, incluindo evitar os desperdícios e a contaminação das reservas existentes.

III. A produção de carne, em especial a bovina, é a que mais demanda água, em função de atividades como manter pastagens, abastecer os rebanhos e produzir ração para os animais.

Está correto o que foi afirmado em:

a) II, apenas.

b) I, II e III.

c) II e III.

d) I e II.

Industrialização brasileira

1. A 3. B 5. D 7. B
2. C 4. E 6. D
8. a) As indústrias siderúrgicas são indústrias de base. Fabricam insumos que serão utilizados por outros setores industriais e, portanto, são fundamentais para dar maior impulso ao processo de industrialização.
   b) No Brasil, sua implantação foi consequência da intervenção do Estado na economia, através da implantação da primeira grande empresa do setor, a Companhia Siderúrgica Nacional (CSN), ao longo do primeiro governo Getúlio Vargas, e de várias outras companhias estatais nos governos seguintes – Usiminas, Companhia Siderúrgica de Tubarão (CST), Companhia Siderúrgica Paulista (Cosipa), entre outras. Ao longo da década de 1990, todas as siderúrgicas estatais foram privatizadas.
9. a) As empresas automobilísticas estrangeiras ingressaram no país a partir do governo Juscelino Kubitschek (1956-1960) e se instalaram na Grande São Paulo, no ABC (Santo André, São Bernardo e São Caetano).
   b) A partir desse período, o processo de industrialização brasileiro passou a contar com a entrada de capital estrangeiro nos setores automobilístico, de eletrodomésticos, químico-farmacêutico e de máquinas e equipamentos, atraído pelas vantagens comparativas que o Brasil oferecia: baixos salários aos trabalhadores, infraestrutura industrial montada pelo governo, subsídios fiscais e despreocupação com o meio ambiente.

A economia brasileira a partir de 1985

1. A 4. B 7. E
2. D 5. C 8. C
3. C 6. E 9. C
10. a) A desconcentração industrial no Brasil tem como causas principais os incentivos fiscais, o custo da mão de obra, a dispersão da infraestrutura, a elevação de custos e os congestionamentos nas regiões metropolitanas, fatores que levam as empresas a buscarem menores custos de produção em outras cidades.
    b) O setor terciário engloba atividades ligadas aos transportes, energia, serviços de limpeza e segurança, comércio, armazenagem, manutenção e muitas outras que dão suporte aos setores primário e secundário; atualmente, em muitas fábricas e fazendas as atividades terciárias empregam mais pessoas que aquelas que se dedicam às atividades primárias e secundárias; além disso, o setor ocupa grande quantidade de mão de obra subempregada, que sobrevive na economia informal.

Energia: evolução histórica e contexto atual

1. D 3. D 5. C 6. E
2. D 4. E 6. C 7. A
8. a) Petróleo, carvão mineral e gás natural.
   b) A queima de combustíveis fósseis libera grande quantidade de gás carbônico e outros poluentes na atmosfera, provocando grandes impactos ambientais, como a maior retenção de calor na atmosfera, provocando o aquecimento global, e a ocorrência de chuvas ácidas.
   c) A energia eólica só pode ser obtida onde os ventos são regulares e constantes, a energia solar onde há forte radiação e a energia das marés nas proximidades do litoral.

A produção de energia no Brasil

1. A 4. D 7. V, F, V, V, F.
2. D 5. E 8. D
3. D 6. D
9. As fontes alternativas que têm apresentado maior expansão no Brasil são a eólica e a solar, mas sua participação percentual na matriz energética é muito pequena, inferior a 4%; essas fontes são renováveis, não poluentes e podem atender comunidades isoladas sem a necessidade de construção de linhas de transmissão a longas distâncias.
10. a) A região Norte possui o maior potencial hidrelétrico disponível do país e a rede de distribuição de eletricidade está interligada em escala nacional. Dessa forma, embora o potencial esteja localizado distante dos grandes centros consumidores, a energia lá produzida abastece o consumo da própria região e do restante do país. Entre as hidrelétricas da Amazônia, destaca-se a recente construção de Belo Monte no rio Xingu (PA) e Santo Antônio e Jirau no rio Madeira (RO).
    b) A região Nordeste possui grande insolação no sertão semiárido e ventos constantes na faixa litorânea, possuindo o maior potencial de produção de energia eólica e solar do país.
    c) Rios perenes e caudalosos com regime tropical, relevo planáltico com grande potencial hidrelétrico.

Características e crescimento da população mundial

1. B 3. B 5. B
2. E 4. C 6. C

Os fluxos migratórios e a estrutura da população

1. A 2. D 3. A 4. E
5. 01 + 04 + 16 = 21
6. E
7. F - V - V - F - V. 8. B
9. a) Estados Unidos, União Europeia, Península Arábica e Rússia.
   b) Os fluxos com maior contingente de migrantes saem do México, Caribe e Europa aos Estados Unidos, do sul da Ásia à Península

Arábica, entre países da ex-URSS e do norte da África à Europa. A grande maioria desses migrantes se desloca em busca de emprego e de melhores salários.

A formação e a diversidade cultural da população brasileira

1. E
2. E
3. E
4. D
5. B
6. E
7. E
8. B
9. No processo de povoamento do território brasileiro, a região Sul, que não possui reservas expressivas de minerais metálicos e apresenta clima parecido com o europeu, passou a ser povoada somente após a segunda metade do século XIX, quando estava proibido o tráfico negreiro para o Brasil. Além disso, nessa região foi instalada uma colonização de povoamento, caracterizada pelas pequenas e médias propriedades, policultura, mão de obra familiar (constituída por europeus atraídos ao Brasil com a doação de terras) e produção voltada ao mercado interno.

Aspectos demográficos e estrutura da população brasileira

1. E
2. C
3. 02 + 04 + 08 = 14.
4. B
5. D
6. C
7. C
8. a) A redução das taxas de natalidade e do índice de fertilidade vem ocorrendo desde a década de 1970 devido principalmente à urbanização e suas consequências: maior custo de criação dos filhos, maior participação das mulheres no mercado de trabalho e maior acesso a métodos anticoncepcionais, entre outros fatores.
   b) Os principais fluxos migratórios da atualidade no Brasil ocorrem em direção às áreas de expansão das fronteiras agrícolas nas regiões Centro-Oeste e Norte, migração de retorno de nordestinos ao seus estados de origem e atração provocada pelos novos polos industriais que surgem em cidades de médio porte espalhadas por todas as regiões, como, por exemplo, sul de Goiás, leste do Mato Grosso do Sul, sul de Minas Gerais, agreste de Pernambuco e Paraíba, entre outros.

O espaço urbano do mundo contemporâneo

1. A
2. D
3. C
4. A
5. D
6. C
7. A
8. a) Nesse esquema, havia forte hierarquização entre as cidades, lembrando uma hierarquia militar. As cidades eram classificadas segundo sua população e as relações econômicas, sociais e culturais eram escalonadas da metrópole nacional até a vila.
   b) Com os avanços tecnológicos nos transportes e nas telecomunicações há crescente inter-relação entre todas as cidades, independentemente do tamanho, rompendo com o modelo escalonado e hierarquizado do esquema tradicional.

As cidades e a urbanização brasileira

1. B
2. E
3. D
4. B
5. D
6. B
7. A
8. C
9. A
10. E
11. A
12. D
13. E
14. A
15. C
16. E
17. Região metropolitana é um grande centro populacional com uma cidade principal e cidades próximas integradas funcionalmente. Curitiba, com as 25 cidades no seu entorno, é um exemplo. A falta de integração no transporte coletivo, coleta de lixo, tratamento de esgoto e segurança são problemas que devem ser mencionados.

Organização da produção agropecuária

1. D
2. 01 + 02 + 04 = 07.
3. 01 + 02 + 04 + 08 = 15.
4. D
5. D
6. C
7. B
8. B
9. C
10. a) A maior disponibilidade de alimentos nas décadas recentes está associada ao aumento da produção e da área destinada à produção agropecuária e ao aumento da produtividade resultante do desenvolvimento de novas tecnologias e ampliação dos investimentos em insumos e irrigação, entre outros fatores.
    b) O desenvolvimento sustentável busca a preservação ambiental, o crescimento econômico e a justiça social; nesse sentido, o desafio consiste em aumentar a produção agrícola com práticas sustentáveis.

A agropecuária no Brasil

1. B
2. D
3. D
4. V, V, V, F, F.
5. B
6. A
7. D
8. D
9. B
10. B
11. A
12. B
13. V, V, F, V, V.
14. a) No Rio Grande do Sul há predomínio de mão de obra familiar porque desde o período colonial foi incentivada a ocupação do território por pequenas e médias propriedades que praticam policultura voltada ao mercado interno de consumo. Em São Paulo há certo equilíbrio entre mão de obra familiar e contratados porque há regiões do estado onde predomina a produção mecanizada em grandes propriedades (caso da produção de laranja, café e cana-de-açúcar, principalmente) e a produção para o mercado interno em pequenas e médias propriedades, como no Vale do Ribeira, Paraíba, sudoeste do estado e outras localidades.
    b) Da década de 1950 aos dias atuais houve grande aumento de área onde se pratica agricultura empresarial no estado de São Paulo, o que provocou substituição de produção alimentar voltada ao mercado interno por produção de energia (álcool) e produtos de exportação (laranja, café e açúcar, entre outros). Com isso, houve concentração de terras e substituição de mão de obra familiar por empregados permanentes.

Desafio

1. D
2. A
3. D
4. B
5. B
6. D
7. D
8. C
9. D
10. B
11. A
12. B
13. C
14. D
15. D
16. C

Significado das siglas

Aman-RJ: Academia Militar das Agulhas Negras (Rio de Janeiro)
Cefet: Centro Federal de Educação Tecnológica
Cefet-MG : Centro Federal de Educação Tecnológica de Minas Gerais
Cesesp-PE: Centro de Seleção ao Ensino Superior de Pernambuco
Cesgranrio-RJ: Centro de Seleção de Candidatos ao Ensino Superior do Grande Rio (Rio de Janeiro)
CTA-SP: Centro Técnico Aeroespacial (São Paulo)
EEM-SP: Escola de Engenharia de Mauá (São Paulo)
Efei-MG: Escola Federal de Engenharia de Itajubá (Minas Gerais)
Enade: Exame Nacional de Desempenho dos Estudantes
Enem: Exame Nacional do Ensino Médio
ESPM-SP: Escola Superior de Propaganda e Marketing (São Paulo)
Faap-SP: Fundação Armando Álvares Penteado (São Paulo)
Fatec-SP: Faculdade de Tecnologia de São Paulo
FCC: Fundação Carlos Chagas
FCL-SP: Fundação Cásper Líbero (São Paulo)
Fecap-SP: Fundação Escola de Comércio Álvares Penteado (São Paulo)
FEI-SP: Centro Universitário da Faculdade de Engenharia Industrial (São Paulo)
Fesb-SP: Fundação Municipal de Ensino Superior de Bragança Paulista (São Paulo)
FGV-SP: Fundação Getúlio Vargas (São Paulo)
FGV-RJ: Fundação Getúlio Vargas (Rio de Janeiro)
FOC-SP: Faculdade Oswaldo Cruz (São Paulo)
Fumec-MG: Fundação Mineira de Educação e Cultura (Minas Gerais)
Furg-RS: Fundação Universidade Federal do Rio Grande (Rio Grande do Sul)
Fuvest-SP: Fundação Universitária para o Vestibular (São Paulo)
Ibemec-RJ: Instituto Brasileiro de Mercados e Capitais (Rio de Janeiro)
Ifal: Instituto Federal de Alagoas
IFCE: Instituto Federal de Educação, Ciência e Tecnologia do Ceará
IFSP-SP: Instituto Federal de Educação, Ciência e Tecnologia de São Paulo
IME-RJ: Instituto Militar de Engenharia (Rio de Janeiro)
Insper-SP: Ensino e Pesquisa nas áreas de negócio e economia (São Paulo)
ITA-SP: Instituto Tecnológico de Aeronáutica (São Paulo)
Mack-SP: Universidade Presbiteriana Mackenzie (São Paulo)
PUCC-SP: Pontifícia Universidade Católica de Campinas (São Paulo)
PUC-MG: Pontifícia Universidade Católica de Minas Gerais
PUC-PR: Pontifícia Universidade Católica do Paraná
PUC-RJ: Pontifícia Universidade Católica do Rio de Janeiro
PUC-RS: Pontifícia Universidade Católica do Rio Grande do Sul
PUC-SP: Pontifícia Universidade Católica de São Paulo
UCS-RS: Universidade de Caxias do Sul
Ucsal-BA: Universidade Católica de Salvador (Bahia)
Udesc: Universidade do Estado de Santa Catarina
UEA-AM: Universidade do Estado do Amazonas
UECE: Universidade Estadual do Ceará
UEG-GO: Universidade Estadual de Goiás
UEL-PR: Universidade Estadual de Londrina (Paraná)
UEM-PR: Universidade Estadual de Maringá (Paraná)
UEMS: Universidade Estadual de Mato Grosso do Sul
UEPA: Universidade do Estado do Pará
UEPB: Universidade Estadual da Paraíba
UEPG-PR: Universidade Estadual de Ponta Grossa (Paraná)
Uergs-RS: Universidade Estadual do Rio Grande do Sul
UERJ: Universidade do Estado do Rio de Janeiro
UERN: Universidade do Estado do Rio Grande do Norte
Uesc-BA: Universidade Estadual de Santa Cruz (Bahia)
Uespi: Universidade Estadual do Piauí
UFAL: Universidade Federal de Alagoas
UFAM: Universidade Federal do Amazonas
UFBA: Universidade Federal da Bahia
UFC-CE: Universidade Federal do Ceará
UFES: Universidade Federal do Espírito Santo
UFF-RJ: Universidade Federal Fluminense (Rio de Janeiro)
UFG-GO: Universidade Federal de Goiás
UFJF-MG: Universidade Federal de Juiz de Fora (Minas Gerais)
UFMG: Universidade Federal de Minas Gerais
UFMS: Universidade Federal de Mato Grosso do Sul
UFMT: Universidade Federal de Mato Grosso
Ufop-MG: Universidade Federal de Ouro Preto (Minas Gerais)
UFPA: Universidade Federal do Pará
UFPB: Universidade Federal da Paraíba
UFPE: Universidade Federal de Pernambuco
UFPel-RS: Universidade Federal de Pelotas (Rio Grande do Sul)
UFPI: Universidade Federal do Piauí
UFPR: Universidade Federal do Paraná
UFRGS-RS: Universidade Federal do Rio Grande do Sul
UFRJ: Universidade Federal do Rio de Janeiro
UFRN: Universidade Federal do Rio Grande do Norte
UFRR: Universidade Federal de Roraima
UFS-SE: Universidade Federal de Sergipe
UFSC: Universidade Federal de Santa Catarina
Ufscar-SP: Universidade Federal de São Carlos (São Paulo)
UFSJ-MG: Universidade Federal de São João del-Rei
UFSM-RS: Universidade Federal de Santa Maria (Rio Grande do Sul)
UFT-TO: Universidade Federal do Tocantins
UFTM-MG: Universidade Federal do Triângulo Mineiro
UFU-MG: Universidade Federal de Uberlândia (Minas Gerais)
UFV-MG: Universidade Federal de Viçosa (Minas Gerais)
Unaerp-SP: Universidade de Ribeirão Preto (São Paulo)
UnB-DF: Universidade de Brasília (Distrito Federal)
Uneb-BA: Universidade do Estado da Bahia
Unesp-SP: Universidade Estadual Paulista "Júlio de Mesquita Filho" (São Paulo)
Unicamp-SP: Universidade Estadual de Campinas (São Paulo)
Unifap-PA: Universidade Federal do Amapá
Unifesp: Universidade Federal do Estado de São Paulo
Unimontes-MG: Universidade Estadual de Montes Claros
Unioeste-PR: Universidade Estadual do Oeste do Paraná
UPE: Universidade de Pernambuco
USF-SP: Universidade São Francisco (São Paulo)
UPF-RS: Universidade Passo Fundo
Vunesp: Vestibular da Universidade Estadual Paulista